读玉

玉的寄意

于江山◎著

著名跨界学者 中国管理科学研究院国学管理研究所

所长于江山教授力作

图书在版编目（CIP）数据

读玉 / 于江山主编. ——北京：中国民主法制出版社，2013.3

（国学的大地）

ISBN 978-7-5162-0328-6

Ⅰ. ①读… Ⅱ. ①于… Ⅲ. ①玉石－文化－中国 Ⅳ. ①TS933.21

中国版本图书馆CIP数据核字(2013)第034356号

图书出品人：肖启明
全案统筹：刘海涛　严　锴
责任编辑：胡玉莹　辛德晶

书　名/读玉
DUYU
作　者/于江山　主编

出版·发行/中国民主法制出版社
地　址：北京市丰台区玉林里7号（100069）
电　话/63055259（总编室）　63057714（发行部）
传　真/63055259
http：//www.npcpub.com
E-mail：mzfz@npcpub.com
经　销/新华书店
开　本/16开　710毫米×1000毫米
印　张/16　**字数**/160千字
版　本/2013年7月第1版　2013年7月第1次印刷
印　刷/北京睿特印刷厂大兴一分厂

书　号/ISBN 978-7-5162-0328-6
定　价/38.00元

总序　跋涉在国学的大地上

（一）

进入国学的天地，是偶然也是必然。但不管是命运的偶然还是人格履历的必然，似乎都是一种文化的命定。

20世纪60年代末叶，我从山东的一家中等师范学校毕业，被分配到故乡的农村教学。先是小学，继之初中，最后是高中。总之是把那时的基础教育经历了一遍。

正是后青春的年龄，虽然处在形势大好而万马齐喑的年代，思想上还是洋溢着一股献身世界革命的豪情。当时农村学校的教与学是附属于政治活动和劳动的，所以有大量的时间可以挥霍。干什么呢？读书。毛选四卷已读得滚瓜烂熟了，许多篇章都能背下来。《鲁迅全集》也啃了好几遍。1973年以前，《红楼梦》等古典名著还是禁书，也就是说除了当时的教材，再也没有什么中国的书可读了。幸好1970年以后传达毛主席的指示：认真看书学习，弄通马克思主义。之后才有机会接触到马恩列斯的许多大部头著作。有一天公社革命委员会的通讯员骑自行车来学校下通知，让我们去公社领书。到傍晚，校长就和另外两位老师各骑一辆自行车，驮回来三纸箱的书。打开纸箱一看，全是马恩列斯的著作，有全集选集精装书，也有简装的单行本，白皮红字，鲜艳夺目。

这些书都放在我的宿舍里，因为学校穷，老师们两人公用一张办公桌，时常被学生的作业本占得满满的。而我是体育教师，住在器材室，里面有废弃的水泥乒乓球台，正好可以放下这一批革命导师的著作。从此以后，一直到1977年恢复高考，我进入了一个为期三四年的读书季。

算起来我30岁以前的读书生涯经历了几个阶段。第一阶段是从4岁开始一直到初中毕业，上小学以前被伯父逼着背书，从“三百千千”开始直到后来的《十三经》。上学后，特别是学会汉语拼音以后，就开始读“小人书”，60本的《三国演义》是十几个同学靠挖狼毒、刨小草根、捉山蝎、掇蝉蜕等中药材攒钱买齐的。二年级后就开始读大部头的《林海雪原》、《铁道游击队》等。记得还受到语文老师的表扬，但从此养成的嗜读习惯却在中学和中师阶段屡受科任老师的斥责。在家里，“手不释卷”也常常引起母亲的唠叨。因为迷恋阅读，耽误了不少打柴、割草、剜野菜的工夫，而这三项又是我们那时候所有孩子不能不做的“功课”。在农村，男孩子从来就是当牲口养的，因为将来要顶家过日子，所以念不念书不要紧，能不能干农活才是最要紧的。5岁剜野菜、捡干柴，8岁割草，10岁锄地，12岁挑水，16岁推独轮车，等等。这好多程序都是约定俗成的。假如有谁家的男孩到了一定年龄还不会干什么活儿，那一定会受到乡亲们的笑话，小伙伴当然对你瞧不起，大人们也透露着鄙视，婶婶大娘们则开始发愁一个不会干农活的男孩子怎么能找上媳妇？我们家乡时兴娃娃亲，大约在剜野菜和割草的年龄就大部分被拴上了定亲的红绳子。

我就有些不合时宜了。虽然身体发育很好，但由于活儿干得少，所以多少有些技术含量的农活、家务活都会让我有些力不从心，推车（掌握平衡）、刨地（左右换架）都成了弱项。娘很着急，生怕我将来没出息，所以初中毕业时坚决不让我继续上学了。正好伯父去世，再也无人督促我背经典。眼看我的读书生涯就面临夭折。后经过我不断抗争，又及时搬来了舅舅劝说，娘终于松了口，通过爹告诉我：只能报考不拿学费、管饭吃的学校。

这真是别无选择，我终于走进了师范学校的大门，准备将来做一名小学教师。

师范毕业时，毛主席又有新指示：小学附设初中班，中学附设高中班，这样解决农民子女就近入学的问题。好在那时候学生以学为主，兼学别样，即不但要学工学农，也要学军，知识课倒不是最重要的。我们这批师范生就水涨船高地从小学教到高中。

在高中时我教体育和英语两门课，那时已经隐隐觉得英语是另一个世界，引得我无限向往。通过一台三用机，我每天晚上偷偷听美国之音的“英语九百句”，后来辗转托人买来了《灵格风》3本教材和密纹唱片。等我把900句和灵格风都背诵如流的时候，突然觉得20世纪70年代初中国学校的英语教材好可怜，那些自造的“红卫兵”“革委会”“三结合”“贫下中农”等专有名词实际上无用，除了国人以外的英语世界根本弄不懂“批林批孔”是什么运动，而我们还在乐此不疲。

从那时，我就升腾起一股走出国门的冲动。

所以到后来，我怀着一腔激动踏进欧美大陆，一待就将近10年。

在国外，我曾经如入宝山，满目惊奇。巨大的文化差异冲击震撼着我：我不遗余力地急于想与国人分享我的感悟。较早在国内开讲MBA和EMBA，觉得一旦这些西方的管理工具被掌控在我们手中，中国就会发展，特别是各级各类管理都将旧貌换新颜。我自己也有一段时间特别自信，自觉得学贯中西，会通古今，好像真是个人物似的。

自信被撞得粉碎时，是我走上企业高管的岗位以后，那是一家近万名职工，几十亿元资产，股东结构多元的上市公司。人心浮动，官司缠身，内债外债，貌合神离，谣言经常淹没真相，决议往往被传闻证实。这时候我从西方管理理论中学到并得意扬扬的诸如战略规划、决策流程、实施监督、资源整合、资金分配，等等等等。高头讲章和冠冕堂皇通通在一夜之间无效了。有一段时间整得我疲于应付，狼狈不堪。晚上静下来，涌上心头的却是一个令人触目惊心的词组：浴血奋战。这哪里是在当老总啊，简直是遭洋罪——因崇拜洋管理而受的中国罪。

好在我像传说中的猫一样有九条命，总不会死的。我明白，这是我在农村被当作牲口一样养活积淀下来的生存基因。这段管理战场上的水深火热让我惊悚，让我深省，让我从混战中抬起头来，开始抖落某些洋面包的碎屑，开始明白许多人类的文化品种移植到中土来会“水土不服”，需要有一个“中国化”的过程，脱胎换骨，凤凰涅槃。

思路一变，局面也随之明朗，本来准备花一年时间把治理结构理顺，结果我用了40天便大功告成，走上正轨。局内人、局外人大部分都傻了眼，不知道我得了什么神助，给当初拿着铁锤、榔头往工厂外赶我的职工灌了迷魂汤，让他们反过来成了我的拥戴者。之后的老长时间，我一直顺利地扮演着胜利者，直到企业换了东家。

这一段经历在我的生涯中关系重大，因为碰壁后我开始理性地进入关于中西文化或曰文明的思考。诸多原来清晰的分野开始融合，重迭，渗透，变成一片温润的混沌，混沌内不停地翻滚，奔涌，聚散。我知道这是一场不无痛苦的交媾，双方或者多方都在频频变换着自己的操守和诉求。后来的事实证明，正是这一场不无痛苦的交媾，才催生出“中国化、现代化、大众化”的潮流，为一个东方古老文化的复兴和西方复合文化的东渐拓出了一条新径。

正是在这条新径上，我开始了风雨兼程地跋涉。

在国学的大地上。

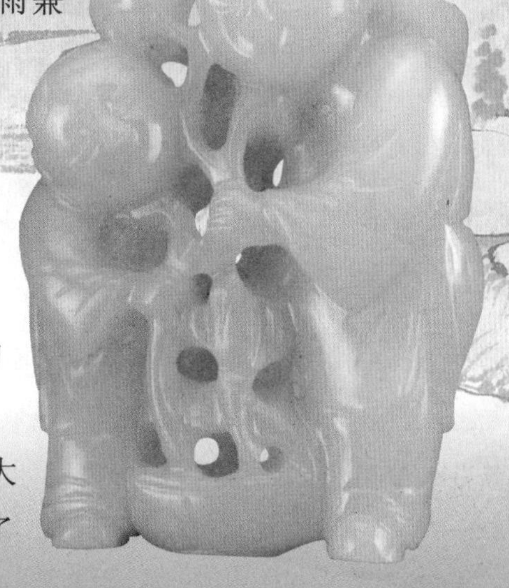

（二）

21世纪在中华大地上不断升温的国学热，最直观地反映了民族复兴的文化诉求。虽然理性的氛围十分稀薄，但民心折射出方向。处在转型期的巨大震荡中，中华民族几乎是本能地抓住了国学——这一旨在自我救赎的精神缆绳。

国学就这样被使命——被赋予为民族复兴提供支撑和提领的文化使命。

说实话，这就是国学的宿命，与生俱来的宿命。

回望一下人猿相揖而别的历史，我们就会发现，中华文明已经成为人类文明的孤儿。而一直以来为这位孤儿提供生存发展条件的，正是国学。

是的，国学原本是很强大、宽泛、无孔不入的，只是到后来，才被人为地规范所狭隘、单薄，甚至被固化为竹帛上的文字或纸面上的经典。

现在，让我们重光国学的本来面目吧！

国学是中华文明的源流之学与源流之用。

源流之学的最小外延也应包括三大潮流，一是浩如烟海的国学经典；二是融化进民众心理深处已化作集体无意识的价值观念；三是以风俗为主要载体的、在民族生存发展中无处不在的信仰。

除三大潮流之外，还有随着疆域不断扩展，异胞异文化不断交往而被同化和反同化的物质与精神文明也在不断充实着国学的内容，拓展着国学的领域。例如，麦、薯、棉、玉米、辣椒等作物的输入，胡琴、唢呐、琵琶、壁画等艺术的东传不胜枚举，早已经化成了国学的部分。胡琴中的二胡还作为非物质文化遗产而进入了世界文化遗产名录，岂不知二胡的祖先在西域，但是在今天，全世界都知道二胡文化在中国，也只在中国。

总之，上述三大潮流皆为中华文明的源

流之学，但这只是国学的一翼。而国学的践履性所决定的中华民族生存和发展的伟大实践，则是比源流之学更为直接具体，更为直接影响社会发展和文明进程的另一翼。源流之学和源流之用的互相渗透和生克组成了国学的主体。

我们崇拜中华文明的源流之学，我们更看重与我们生存发展息息相关的源流之用。中华民族实质上是一个实用理性的民族。

在国学热从隐到显的历程中，质疑和反对之声始终不绝于耳，某些“有关部门”也囿于各种原因而不作为。但这些没有阻挡住国学的升温，不仅燎原了中国，而且把孔子学院等弘扬国学的机构开到了全世界，大有国学之光普照全球的态势。

大凡世间之事皆有表面繁华而内景窘迫的状况，特别是当这件事还在发轫之初的时候。情绪上的胜券在握和理智上的实力较量是两回事，所以对于国学的振兴，也不可轻言胜利。

因为国学大军从开始就表现出素质、社会地位、主张诉求、路线方向以至目标宗旨的不同。这一切都决定了他们在国学热中大相径庭的表现。

如果要粗略归纳一下的话，目前驰骋在国学天地中的主要是学院派与江湖派。

如果要细致条分一下的话，则派中有派，各具千秋，姚黄魏紫，美不胜收。

这些年国学界你方唱罢我登场，城头变幻大王旗，很是热闹。并且还将继续热闹下去。但形势大于内容，符号淹没实体的现象也普遍存在。或许是国学灵魂面临的诱惑太多的缘故，不少“国学大师”及其课程开始大幅地膨胀，君临天下目空一切，普天之下非我莫属，渐渐地与市场和利益卿卿我我起来，于是国学也渐渐地成为奢侈消费。另一支“大师”队伍则把国学中的玄奥发挥到裂变聚变，奇门八卦堪舆先知等都各显奇能，仿佛要主宰世界。一般的人做不成大师，但可以埋头苦干一些自以为是弘扬国学的善事，各地的书院、学堂甚至私塾家塾此伏彼起，都在国学招牌下勤勉地耕耘，在他们眼里，国学是人类文明宝库中最珍贵的财富，只要把社会拉近国学，那就不愁小康能变成大同。

诸如此类还有很多很多。本书对多年来国学天地中的翱翔者、开辟者、耕耘者、摇旗呐喊者通通致以崇高的敬意。感谢他们合力合为，共同开辟了一个让国家扬眉吐气的时代。

除此之外，《国学的大地》书系还有自己特殊的使命。

之所以将本套书系以《国学的大地》命名，包含着对当前国学热的一个基本估价：那就是，国学大军的将士们过多地装点了国学的天空，而在很大程度上忽略了国学的大地。

一个民族当然需要仰望星空的高士，但同时也亟待耕耘大地的农夫。

今天的中国才真正走进了五千年未有的大变局，社会转型已渐入深水，由经济崛起到文化再造，已成为刻不容缓的任务。道德沦落和灵魂扭曲，这些“软武器”已经在民族躯体上造成了硬伤，拖拽着我们的理想航船沉重地沦落下去。

中华民族真正到了“最危险的时候”，我们绝不能唱着高调沉落，而应该脚踏实地来一次沉重的崛起。

任何学术都应该以“资政利民”为最高宗旨，因此，我们选择了《国学的大地》。我们宁愿在大地上跋涉，因为只有在大地上，才能书写中华民族的大历史。

（三）

因为我主张把国学定义为“中华文明的源流之学和源流之用”，所以我的人生践履主要在学和用上张罗，在由“内明”到“外用”的历练中沉淀了许多如鱼饮水的冷暖，帮助我管窥了社会、时代的烛光斧影，也让我隐隐约约感知到了我们的民族人格。不知鲁迅大师笔下的“民族性”是否指此，但肯定与我的“民族人格”有许多重迭或共指。算起来鲁迅大师西逝已经近八十年了，他的许多话语还在今天回响，我有时感到一种冷冷的悲。但随即又想到人类的基因改变大约需要一万年为周期，也就不那么焦灼了。让人类慢慢地进化吧，我们只需好好地利用我们的有生之年。

接下来又有了一个新的疑惑：以有限的生命投入无限的国学天地，到底能有多大的作为，虎口再大也吞不了天吧？何况我也没有膨胀到自诩为龙虎。人定胜天的口号是喊了不少，到头来谁见把天挨过！看来还是本分一些好。

我认为关于“源流之学”不用我操心，因为这个领域高手如林，许多位都是我心悦诚服的大家巨擘。国家拿了那么多钱，耗散了那么多人力物力，主要就是打造这个“源流之学”。至于“源流之用”情况就有些闪烁，因为一提到“用”，就会与市场产生一些暧昧，所以不少能量就在“用”字上做足做大了文章，也算是天罡地煞群雄毕至吧，当然也有些鱼龙共舞。比起“学”来，大概“用”的天地里环境保护的空间可能更大一些。按说我本来会本能地逃离，但人一旦年龄大了反而生出一种不知基于什么的执拗，或许这就叫自信，总而言之，我自愿走进这“源流之用”的江湖，一混就是数年。数年间，只经营着一方小小的地盘，但我还是称之为国学的大地。

我知道学和用是不可分割的，但我以为“学”不能拘泥，“用”一定要通达。对于国学来讲，不管是学和用，“回到古代”都不是我们的目的。在学通了的基础上，把国学“现代化、大众化”才是今天的当务之急。

在《国学的大地》里，我秉承着“资政利民”这一宗旨，对于资政，我仅有理论上的权利，但缺少体制上的资格。但权利既有，那就不妨小试。虽然“位卑”，仍不忘“忧国”啊，这种又臭又贱的传统我身上还有不少。那就再贱一次吧，因为我明白我所有的“忧国”皆是以民为本。

于是选定了《国学的大地》第一批书目。

《国学的大地》十二本，大体是循着这样的思路来铺排：

除《国学的大地》是阐述我对国学的一揽子观点以外，其余十来本可粗分为五种内容。

第一，管理类著作，即《中国化管理》书系。这是我专门写给官员们的一套书，因为在我眼里，支撑着共和国这个巍然体制的，不是别人，正是从上到下的官员。党务官、政务官、事务官和各类企业事业单位的管理者组成了一张政治与管理的恢恢大网，这是让共和国不断前行的保障。因此，提高他们的素质，扩大他们的视野，帮助他们提升领导力是资政利民的重要内容。所以我精心打造了这门课程，并认真编写了《总论卷》《内明卷》《外用卷》《修身卷》和《致心和卷》。这次出版的是《总论卷》和《内明卷》。

《中国化管理》之所以选择管理哲学为建构领域，其一是为了对应和接济铺天盖地而来的西方管理科学；其二是因为中国化管理的文化特质就是超工具化。应该说，管理哲学和管理科学在管理实践中都不可或缺，所以作为一名官员必须要有两把刷子。其实在当今的中国有两把刷子也不一定够用，因为还有若干的诗外功夫需要修为。另外，中国的老百姓两眼都盯着官员的行状，为此我大声喊出了“官清天下和”！

第二，养生类著作，我认为这是最实际的民生。养生大潮的水有点浑浊，我力图做一点儿文化上的澄清，同时在我有限的能力范围内提供一些实操性的内容。这类著作除《大道养生》是概论之外，《黄种人喝黄酒》是我较偏爱的一书，对于帮助国民建立健康的主流生活方式会有一定裨益。《观天籁》《读玉》则是艺术养生的具体化，而我把“个性化、生活化、艺术化”看成是养生的三项根本原则。

第三，修身类著作。《孝行天下》是“以孝启德，以德树人，以人兴国”的起点，也是已经化入民族性格的中华民族的文化基

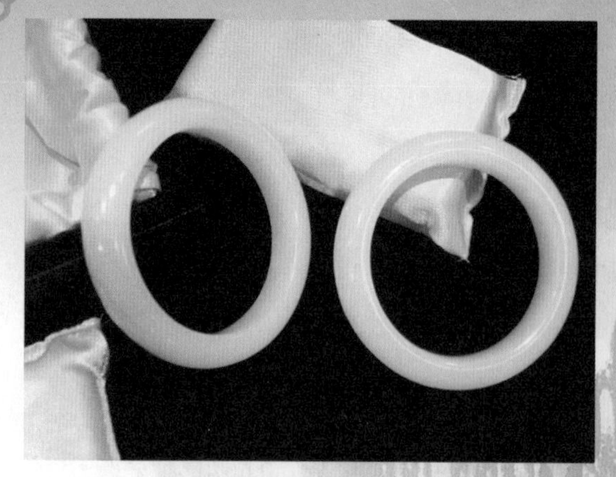

因。孝文化的稀薄和异化是当今社会最大的尴尬，孝文化的复兴则是重建民族道德大厦的奠基，孝文化在个体成长中无疑是道德大门的锁钥。所以我选择了以孝为题，我愿意在这场文化的博弈中用孝做领军的旗帜。《女人的功课》是《母亲教育》和《精彩女人》两书内容的重新整合。当初，出版这两本书是基于对一些普遍的社会现象的焦虑。当“女人”这个世间最美好的本源被形形色色的理论所绑架之后，就会只剩下对女性天地的功能性解读。以至于众多的姐妹被歌颂、被吹捧、被呵护着做了甜蜜的殉道。现在这两本书整合以后以《女人的功课》崭新问世，提出女性一生“四个角色”（女儿、妻子、母亲、公民）和三大工程（美丽工程、智慧工程、幸福工程），相信会引起姐妹们的重视和社会的刮目相看。

第四，应用类著作，即国学在国民精神生活领域的应用范本举隅。《失去锁链之后》是对文学艺术和学术领域中人、书、文、事的评论。这批文章大多数已在报刊上发表，力图以中国人的语言和中国式知人、论世、论书、论文的路径来展示一种理论的审视。由于平时痛感于评论界的西化、专门化和歌颂模式充斥着视野，与理论的使命“支撑和引领”相去太远，所以我努力想写出一番新气象。至于《江山韵语》是我多年来支离的创作实践和搜罗辑梳的联语、文牍的合辑，大概能达到趣味性和实用性的璧合，一书在手随时可查可用。

第五，以“三农”为题材的《村官通鉴》。这也是我多年来最沉重最致力的著述。有说不尽的中国就有说不尽的“三农”。中国的“三农”放到人类文明的大谱中，也是沉甸甸的一章。我选择村官入题是找到了接近“三农”的桥路，让我永远能保持着一份距离和理性。否则，假如我一头扎进“三农”，我会长歌，长哭，长久地沉湎，我怕我没有那么粗砺的内心以应对那些无情的现状。改革开放三十多年来，“三农”已经有了很大地改善，但“三农”还要过大关，这是不争的事实。从某种意义上说，“三农”的底色就是中国的国情，我不希望读者把这本《村官通鉴》看成是一部普通的报告或者文学。如果说《国学的大地》中许多著述都披沥着笔者的心血，那么《村官通鉴》的书里书外，则饱含着许多人的泪水与心声，不仅是我。正因为我对中国“三农”的未来持有乐观的期望，所以我不惮笔墨来状写它今日的拮窘。

《国学的大地》是一个开放型的书系，首批这12册小书只是搭起了一个稚嫩的框架，更多支撑和完善有待以后不断地拓展和积累。我内心的愿望是：以我和同事们的努力，在国学的大地上耕耘出一片片令人喜悦的丰收，并让这丰收嵌进像轮作一样良性的轮回。为了这个心中的愿景，我们辛劳在这方古老的大地上，一度忽视了此前那漫长艰难而又愉快的跋涉。

目录

读玉

读玉人语

让玉文化走向世界，是我们多年的夙愿。

但是我知道，这很难。

玉已经化入了东方的人格，但这人格特征的归属，形而上者居多，心而上者亦有。与拜金的西方文化有一层现实的隔膜。价值视域的隔膜不除，文化的误解便顽强地存在。所以，金玉虽然结缘已久，但西方人对华夏民族的了解依然生疏和肤浅。

于是，我们决定从文化入手来读玉，然后以润物无声的文化功力去化异成俗。

再于是，就有了这本小书。

不是序，只是一个话题。

乙丑冬月·京华新雪

玉——开启东方文明的钥匙

■ 古代人在叙述神的过程时，将玉崇拜的观念也融合了进去，将玉的神格作用和英雄世系紧密地联系在一起，强烈地表现了古人对玉的狂热宗教情绪。

玉是什么？在文化的谱系中，谁也说不清。

但有一点是明确的，那就是在东方文明图谱中，横亘在器物与精神两大领域最高端的，不是阴阳，不是五行，甚至也不是道，而是玉。

处在文明最高端的玉同时也是最神秘的，聪明如华夏先民者尚不能对它确切的认知。古人的习惯是对不能实实在在把握的，要么放逐，要么崇拜。我们至今也不知祖先们用什么方法或工具对不可认知的对

象进行甄选以定位了人类的态度，只知道对玉的崇拜至少有八千年历史，这是有考古实物佐证的。

古人的玉崇拜有如群发的神经，自天子以至庶人少有例外，不光有代表最高统治权的传国玉玺，而且有普通人祛邪治病保平安的玉佩玉件。玉在中华世族各族群之间成为最受宠的普泛崇拜，以至于喊出“黄金有价玉无价”这样很不商业很不理性的煽情口号。后来，人们对玉的热爱几近疯狂，恨不得将自己和玉化为一体。由于人玉一体的理想无法实现，于是创造出许许多多人与玉相伴相生的神话，这批神话的登峰造极之作便是那位“衔玉而生”的贾公子，他的生命力和全部的精气神竟然都取决于那方玲珑剔透的通灵宝玉。这位倚玉而生的公子后来走出《红楼梦》，成为千千万万少男少女的梦中主角，成为一个具有广泛号召力的文化符号。后世人们通常把那些钟情于许多女子，也为许多女子所钟情的小伙子称为宝玉，全不管那时候还有很多捆绑少年男女的道德索绳。这都是玉在作怪，不止使几代人为之移情！

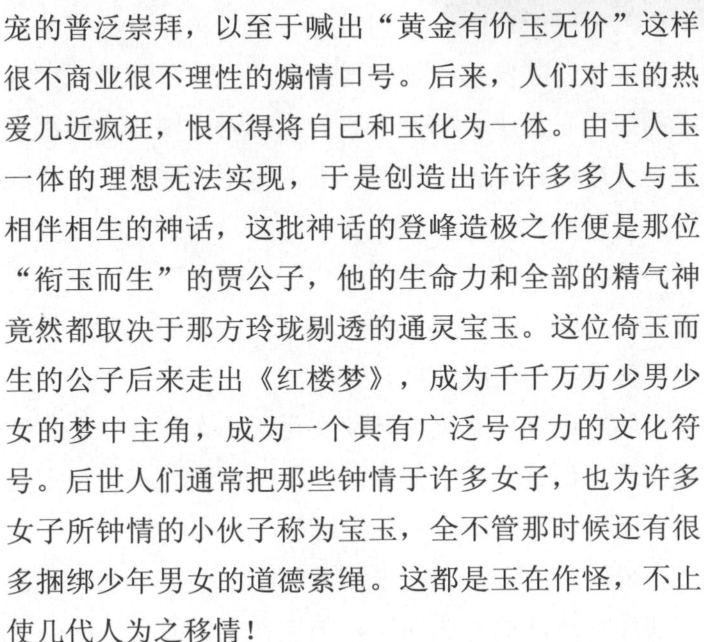

■ 《红楼梦》中提到的一块重要的玉石名称，本是女娲炼就的一块顽石，因无才补天而随神瑛侍者（即后来的贾宝玉）入世，幻化为贾宝玉落胎时口衔的美玉，上有“通灵宝玉”四字。

历史上因玉而起的干戈多了去了，这使得国际间的大战或人际间的嫌隙从未间歇。不管在治世还是乱世，玉都像一根透明的精神缆绳，牵动着世人的羡慕的目光。

在东方文明的大家庭里，玉是最得宠的，也是最

说不清的。

中国人说不清的事到了外国人那里就更傻了眼，金发碧眼的异胞们连中国的筷子还摆弄不明白，更何况晶莹美伦的玉呢？

事实上，许多引起国人不满的国际事件都不一定出自外人的祸心，真实原因可能是对中国的不了解。现在中国要走向世界，成为担负世界责任的大国强国，其实第一道门槛还是让人家了解我们。真实的情况是几乎大部分国家的人民对中国的了解都太少，一般处在比无知稍高一些的水平。面对这种状况大部分同胞都觉得心理失衡，可是没有办法，改变现状的路径只有两条：一是埋头苦干把自己的国家做大做强；二是不断探索东方神秘文化的解密之路。第二点需要载体，我们找到了玉。

■ 和田玉是一种软玉，俗称真玉。主要由透闪石、阳起石矿物组成，质地致密、细腻、温润、坚韧、光洁。

如果说华夏文化是神秘文化，那么玉就处在它的最高端。俗话怎么说的？皇冠上的明珠。玉就是那明珠，而明珠的质地很可能就是玉。

眼前是实实在在的玉，不能吃不能穿，表面上是一块冷冷冰冰的石头而已，但它在人们心目中的位置却与君权神权甚至高于生命的宿命宿运紧密相连。这不仅让我们惊叹：由形而下的存在到形而上的理念，一直到超越心理事实的心而上崇拜，这是一个怎样的意识环链啊！能不动声色地让人类如此颠狂，除了玉之外，岂有它哉！

也许还有金。作为西方文化的崇拜物，金同样有无限的魔力牵动着西方人的心，黄金在拉丁文里是“闪耀的黄昏”，在古埃及文里是“可触摸的太阳”。金和玉，分别成为两种文化的核，由金玉衍生或化生出来的文化符号铺天盖地，充斥了东西方文化的库存，分别繁衍了博大精深的文明体系。但打通东西方文化壁垒，让金和玉实现和谐的共融，却是全人类为之倾倒的梦想。金玉良缘，谁不想啊！

但迄今为止，金对玉的认识水准，却不敢恭维，不了解中国也就不足为怪了。现在，我们找到了一条捷径，那就是通过玉文化的输出，让异胞们通过对玉的接纳而了解中国。我们可以幽幽地对他们说，未知玉，焉知中国！

既然说不请，就不想揭老底，对玉的知识，譬如质地、构造、加工、鉴别等科学范畴的内容本书不涉及，以免由于浅陋而亵渎，以此为序，可以寄托一种文化崇拜，仅是文化而已。

■ 和田玉和陕西蓝田玉、河南南阳玉、甘肃酒泉玉、辽宁岫岩玉并称为中国五大名玉。

玉 之 源

玉之源，久矣！

一说早在近万年前的新石器石代，玉于先祖制作石器时被发现。因为玉的质地、色泽和光彩都比普通石头夺目，故由夺目而夺心，成为人人心目中的最爱。由于玉的数量不多且雕琢难度太大，因此只有族群中少数的大人物如族长、祭师等才能佩带。玉由石头渐次成为礼器或图腾。在这个漫长的进化之中，玉成为权力、地位、财富的象征。

■ 我国民间有一种说法，玉能补气，玉能辟邪，一个佩玉的人如果遇到不幸，玉会先碎，灾祸也会减轻。这叫“玉碎人全”。

另一说有证据可考，从内蒙古敖汉旗兴隆洼遗址和辽宁阜新查海遗址、沈阳新乐遗址出土的玉文物

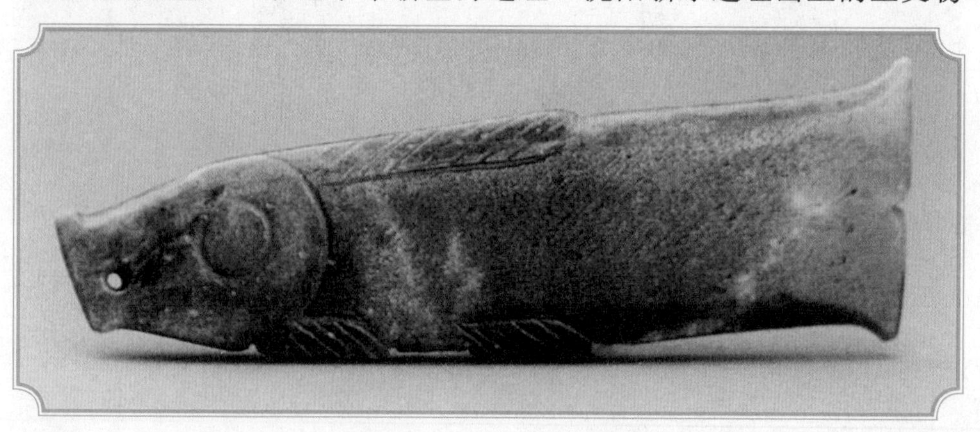

来考证，距今已有8000年之久，浙江河姆渡出土之玉也有7000年资历，由此可以推断，到夏商周站国时代，中国的玉文化早已成形。

万年的事已不可考，8000年的事有出土之玉摆在面前。姑从8000年之论吧，是一个多么漫长的存在啊！

考虑到古代的交通条件，我们不能做出大规模大跨度远距离流通的推断。但从出土文物的地点分布和后来的史实证明，和田玉、南阳玉、蓝田玉和岫岩玉应该是当之无愧的四大玉石产地。其中，以新疆和田玉最为名贵，中国玉文化的升级也以和田玉为主要载体。

一则伟人的故事为我们提供了佐证。

1952年11月初的一天，毛泽东主席巡视河南到了安阳殷墟，他站在一处凸出的岗地上指着不远处的一处村落问道：“那个村庄叫什么名字？”安阳当地的官员说：“那个村庄叫大司空村。”毛主席笑询：“司空是什么意思？”当地官员说不知道，这时主席告诉他们：“大司空是古代官职的名称，论级别与你这个专员差不多。”主席边走边说，还弯腰捡拾了几片甲骨碎片，然后感慨地说：“这地方，连土都是文物啊！”

■ 殷墟出土的玉器，其玉质多为新疆和田玉，极少部分陕西蓝田玉与周原当地所产的地方玉石类（似玉）。形制、纹饰的造型风格可分为礼器、符节器、乐器、佩饰器、丧葬器与工具、用具、杂器等类别。

毛主席站过的高岗地是用三合土夯实的土基，这样的土质土层一般是不会有文物湮没其中的。但事情的神秘正在这里，20多年以后，也就是1976年5月16日，这个日子是无产阶级文化大革命十周年的日子

（如果从1966年《5·16通知》算起）。大规模的殷墟发掘正在进行，就在毛主席当年站过的地方，考古探杆一下子钻进去，带出来的竟是一个淡绿色的玉坠。在随后的挖掘中，出土了共775件玉器，其中光礼器就175件，包括琮、圭、璧、环、璜、玦等。另有军事仪仗54件，有玉刀、玉钺、玉矛、玉戈。还有生产用具锛、铲、梳。当然，其中最多的是女性装饰用品，头饰、臂饰、衣饰、佩件挂件，这些装饰品被雕成各种图案，以动物图型最多。不仅有虎、象等大型动物，而且有鹤、燕、鱼、蚌、蝉等禽鸟昆虫，其名目繁多和工艺精细令人叹为观止。

■ 西周，上层社会又用玉器祭祀天地四方，并把玉器的使用纳入礼制当中，把玉器当作人与天地神灵之间和人与人之间沟通往来的信物。

经测定，这是一座女墓，墓的主人是商王武丁最宠幸的贵妃——妇好。由此可见，玉器在商朝已经蔚为大观。

更让人想不到的是，这些玉的鉴定结果出来后，人们才知道它们中的绝大部分竟然是品质最好的新疆和田玉。

这件事向我们证明了：一是商朝已大规模用玉，且制作水平相当高；二是从中原到新疆和田的“玉石之路”已经打通，比后来的丝绸之路早了若干世纪；三是和田玉是最好的玉，很可能是玉文化的源头。

还有一则故事，被尚是少年的我批驳为无稽之谈，现在看来需要重新加以认识了。

那则故事说：3000—4000多年以前，商朝的国王曾经派他威武的青铜大军跋涉几千公里远征鬼方，鬼方是昆仑山下今和田地区的一个强大部落，强悍无比。因此商朝大军久征不下，那时候自中原地区到新疆和田绵延几千公里的道路上，终年来往着运送粮草辎重的人流和来来去去的军队。看得出商王是在用举国之力来打这场几千公里以外的战争。三年以后，商朝的军人获胜，消灭了鬼方的主力，征服了鬼方。从此，一种特殊的石料——和田玉便被源源不断地运回中原大地。

当时之所以怀疑这则故事的真实性主要依据下面的理由：以我从小学五年级学到的历史知识，知道从北京猿人到公元前8世纪的周代共和元年之间是一段空白，北京猿人的头骨是出土的实物，共和元年后是文字记载。这之间几十万年的所谓旧石器时代、新

■ 商代早期玉器以琢出笔直的阴线、薄片状仪兵玉器为代表；商代晚期玉器艺术则具有象征性、装饰性的特点，如一些立体的人物、兽禽玉雕，主要突出它们的头部及目齿等器官的特征，省略琐碎的细部，均作象征性的勾画，重要细部施以圆润婉转的阳线，呈现出浓厚的装饰趣味。

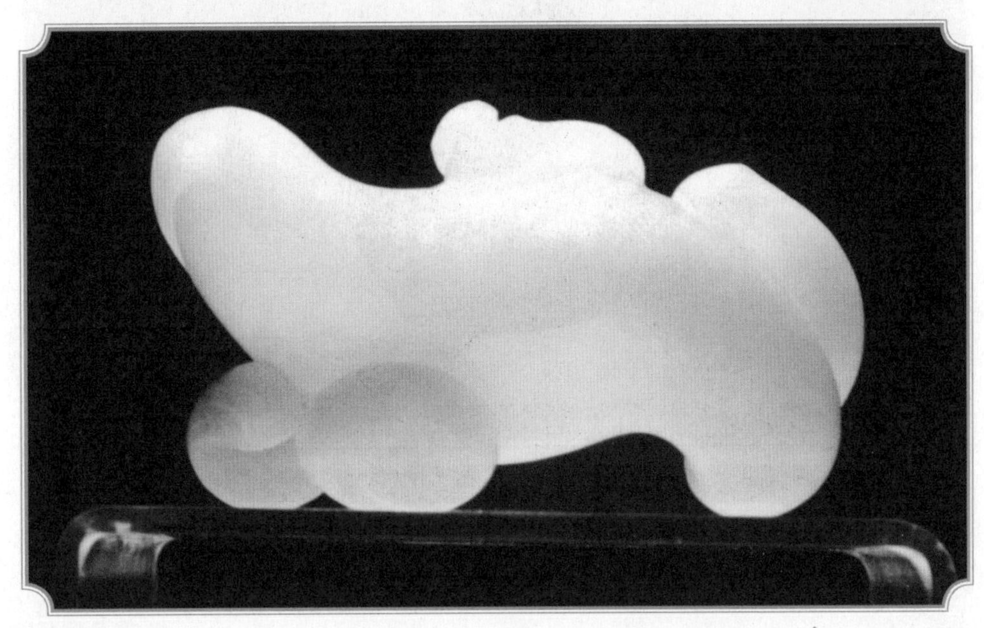

石器时代只是根据出土文物测定而推断的人类进化阶段，哪里会有这么绘声绘色的战争？再说中原和鬼方隔着千山万水，谁会去劳民伤财地争夺那些石头？

自从安阳妇好墓被发掘之后，我的想法彻底改变。一方面从妇好墓中的775件玉器来看，当时做玉的水平已经巧夺天工，这绝非一日得来，在当时的技术水平下，没有千八百年的积累决然望尘莫及。另一方面就是商鬼之间的战争决不是发现玉的开始，如果没有长期的流通交换和对玉的高度崇拜，断然不会因为玉而掀起一场战争，何况为玉打仗，是在玉崇拜欲望高涨和所得渐少的情况下才能发生的事。在这之前肯定已有鬼方向商朝贡玉或者贸易玉的事实，后来商王朝胃口越来越大，而鬼方因为种种原因供货渐少，在多次交涉仍没有结果的情况下商王朝才悍然用兵，

■ 妇好墓所出玉石雕刻种类很多，形态各异，展示了当时很高的制玉水平，这些玉石雕刻品中的人像是其中最重要的部分，是了解研究商代雕塑艺术、商代人种、服饰制度、阶级关系、生活情态等方面的宝贵资料。

为了玉用兵在中国历史上还有好多次，可见玉在人们心目中的地位。从对玉的茫然无知到玉用的泛滥，大概也需要至少一千年。需知古代社会进化缓慢，能用一千年推广一个新事物，这一定是很快的。

后来又相继有内蒙古、辽宁等地的玉出土，把时间前提到7000到8000年，我对此深信不疑。因为人类从蒙昧到野蛮，巫文化的兴盛是必然的，巫文化不可阙失的伴侣就是玉，巫文化不可知的神秘和玉的混沌魅力天缘凑巧，是一种软文化与硬物质的珠联璧合。巫文化有多久，玉就有多久，8000年确实不算长。

玉之源可谓久矣。

■ 商代是一个统一的多民族中央集权国家。其宗法礼制十分完备，玉器成为帝王垄断的珍宝，品种繁多，除了具有宗教色彩器物外，也有工具、生活用品、佩饰及陈设用玉器。

玉的文化象征

不知道人类先祖们刚发现玉时是怎样的惊讶和喜悦，但可以想象在山一样灰褐色的石头堆中、在瀑布一样一片陡峭壁立的褐色岩壁上，忽然发现一方与众不同的亮色，如脂如腻，透射出乳白或青白的光泽，晶莹养眼，触之滑润，分明是一团混沌，但仿佛又清彻透亮。没有语言能表达这份惊喜，只觉得满体内热血沸腾，好像一个如诗如梦的世界呈现在眼前，把自己的人生带进又一个激情燃烧的年代。

■ 西周玉器承前启后，在继承商代玉器传统的基础上，发展创新，至春秋战国时期，由于生产力的发展与和田玉大量进入中原，玉器制作进入了一个新的高峰。

这是一个多大的惊喜啊，大幸运降临时人们无一例外的有些忐忑。

只因为发现了玉。

玉带着巨大的神秘来到人间，漫不经心或百般挑剔都不能削减它本身内蕴的巨大魅力，人们越想探求，玉就越从容，这种永远不知根底的追寻最后形成澎湃的崇拜，甚至呈现出宗教般的狂热。

崇拜是心理的寄托和倚靠，是

精神的靠山，是灵魂的归宿。所以，玉的出现给中华文明增添了一个显赫的家族，这个家族在华夏民族的生存和发展中无处不在。

玉是一种实实在在的物质存在，但它却没有像青铜、铁木、塑料那样创造和承担一个时代。人类的历史很奇怪，大部分情况下是以工具和材料来命名一段历史。例如青铜时代，顾名思义就是以青铜做礼器、兵器和工具的时代。如果前溯的话还有新石器、旧石器时代，往后则是漫长到20世纪的铁木时代，只不过到铁木时代时人们已经很聪明，已经懂得委婉表述。那时候，人们通常把礼器、兵器或工具物件等通俗地称为“东西”。“东西”虽通俗并透着不敬，但内里的学问大得不得了。你看在阴阳八卦中，东方甲乙，属性为木，西方庚辛，属性为金。东西合一即木金合一，金是铁器的总称，所以“东西”实际上是铁木合一的工具材料时代。大部分兵器如刀枪箭斧都是铁刃木柄，而作为农耕时代的所有农具，也大都由铁和木制成。这就是以铁木为主要材料的“东西”时代。

■ 崇拜是心理的寄托和倚靠，是精神的靠山，是灵魂的归宿。所以玉的出现给中华文明增添了一个显赫的家族，这个家族在华夏民族的生存和发展中无处不在。

当然更往前也就是青铜时代之前是新、旧石器时代，我怀疑那个时代人类整天与石头打交道说不定已有玉被发现、琢磨和使用，只是由于玉太少，又不易打制磨制，所以没有形成大观。但既然有骨针，难免也有玉针。这些都是猜测，有待更新的考古成果来佐证，姑且存疑吧。

■ 玉蝉的用途主要有两项，一为佩饰，流行于商之前。汉代玉蝉多为逝者口中的含玉，称为“琀”。在逝者口中置玉是古代的一种入葬习俗。战国早期曾侯乙墓中出土的玉琀为一组小牲畜。汉代墓葬中出土了较多的玉蝉，其上多无穿绳挂系之孔，用蝉作琀有祝愿逝者蜕变再生之意。

回头来说玉，虽然玉没有担当起一个时代，但对玉的崇拜和器用却贯穿了中华文明的全过程。不管在哪一个进化阶段，玉都是不可或缺的最尊贵的器用。因为玉被赋予多元的文化象征，有着多元的精神文化功用，故在非常广泛的背景中被广泛的崇拜。

玉的身世无疑代表着神秘，因为偌大的山石中突然异光四射地出现大片或小片甚或只有一块的玉，这简直是上天的神赐。人们找不到玉的进化轨迹，至今不能清晰地指认它的形成阶段和进化环链，它只能是上天对人类的恩赐。

既然源于天赐，所以在祭天祀地的仪式中玉自然成为主角。对于上古的祭祀我们无法还原现场，但从出土文物中的琮、圭、璧、环、璜、玦、矛、戈、钺、刀来看，玉在当时的重大礼仪场合应该是声名显赫。

还有葬礼，古代葬礼的最高规格是含玉而葬。三国演义中，刘玄德的先祖中山靖王刘胜在死后就尽享其哀荣。考古学家在刘胜与其妻窦绾的嘴里都找到了玉，含玉皆被琢成蝉形，所以古代也有个说法叫“含蝉”。

史载刘胜去世时，他的庶弟汉武帝刘彻正如日中天。汉武帝终其一生的伟大功绩之一是他的金戈铁马横扫了昆仑之西，在彻底摧垮了匈奴之后，他得到了汗血宝马和玉石。这时的汉武帝完全有能力为他死去的哥哥刘胜制一袭玉衣，以祈求死者不腐。

这是一件用2498片和田玉制成的玉衣，用金线连结而成。玉衣全长1.88米，把刘胜从头到脚覆盖，额头、鼻子、阴茎等突出的地方都对玉进行了弧度加工，通体都是量身定做。显示了皇家的资厚与当时的加工工艺。

■ 玉衣是供皇帝和贵族死后穿的葬服，又称 玉柙 或 玉匣 ，是用许多四角穿有小孔的玉片并以金丝、银丝或铜丝相连而制成的。分别称为金缕玉衣、银缕玉衣和铜缕玉衣。

玉为王侯服务，这是玉崇拜等同于天地的最高端。《管子》曰：先王以珠玉为上币，黄金为中币，刀布为下币。帝王崇玉崇到极点，以至于秦以后，国玺也只用玉制成，并相沿至今。

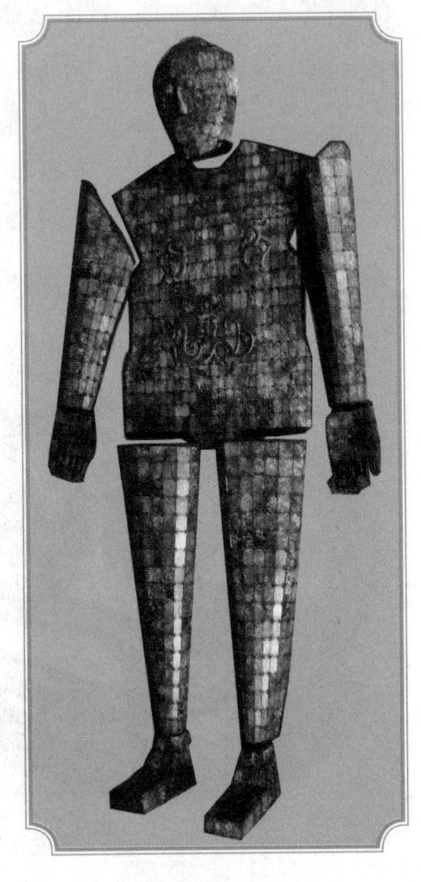

《礼记》又记载，古之君子必佩玉。可见玉用之广泛。因为君子者也，可公认也可自诩，又有谁不把自己当君子呢？

《礼记》又说君子于玉比德，于是孔夫子就认定了玉有十一大德，即仁、义、礼、智、信、乐、忠、天、地、道、德。这简直把天地之间的美好品性一囊尽收，十一德之外已不足言了。

在《礼记·聘义》中有这样一段记载：子贡问孔子，为什么君子贵玉而贱珉（一种近似于玉的石头）呢？是不是因为玉稀少而珉多的缘故？孔子回答说：“非为珉之多故贱之也；玉之寡故贵之也。夫昔者君子比德于玉焉——温润而泽，仁也；缜密以栗，知也；廉而不刿，义也；垂之如坠，礼也；叩之其声清扬以

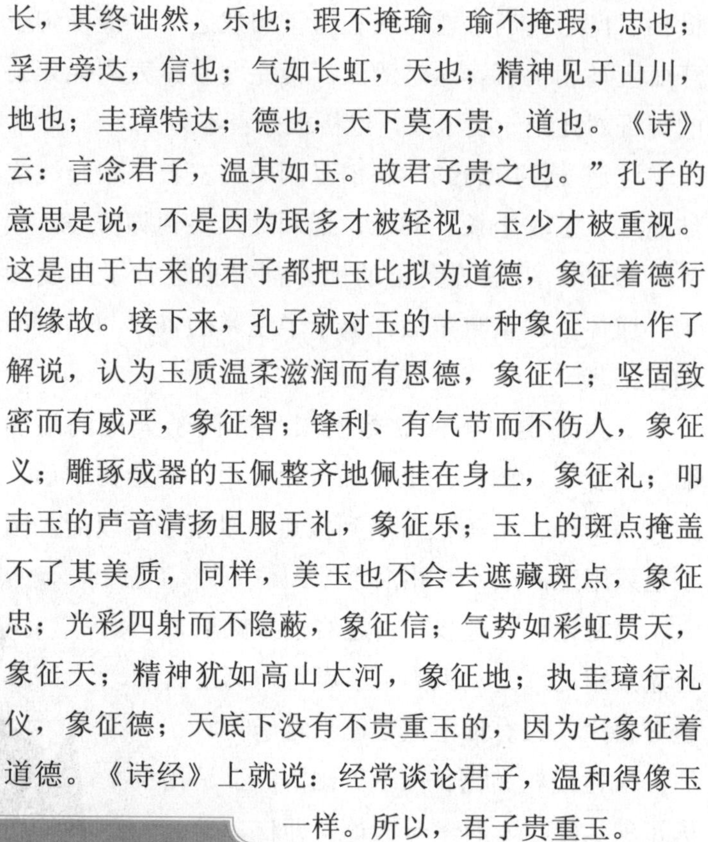

长，其终诎然，乐也；瑕不掩瑜，瑜不掩瑕，忠也；孚尹旁达，信也；气如长虹，天也；精神见于山川，地也；圭璋特达；德也；天下莫不贵，道也。《诗》云：言念君子，温其如玉。故君子贵之也。”孔子的意思是说，不是因为珉多才被轻视，玉少才被重视。这是由于古来的君子都把玉比拟为道德，象征着德行的缘故。接下来，孔子就对玉的十一种象征一一作了解说，认为玉质温柔滋润而有恩德，象征仁；坚固致密而有威严，象征智；锋利、有气节而不伤人，象征义；雕琢成器的玉佩整齐地佩挂在身上，象征礼；叩击玉的声音清扬且服于礼，象征乐；玉上的斑点掩盖不了其美质，同样，美玉也不会去遮藏斑点，象征忠；光彩四射而不隐蔽，象征信；气势如彩虹贯天，象征天；精神犹如高山大河，象征地；执圭璋行礼仪，象征德；天底下没有不贵重玉的，因为它象征着道德。《诗经》上就说：经常谈论君子，温和得像玉一样。所以，君子贵重玉。

■ 古人的很多生活器具都是玉雕成的，能常戴在身上的惟有玉佩。战国、秦汉时期的玉佩繁缛华丽，甚至数十个小玉佩，如玉璜、玉璧、玉珩等，用丝线串联结成一组杂佩，用以突出佩戴者的华贵威严。

上上崇玉，君子大人崇玉，民间自不待言。崇玉、爱玉、赏玉、藏玉、盘玉、佩玉于是成为全民行动，形成中国人特有的文化心理，根深蒂固而不可移。

从现代科学的角度来评判，一种没有多大工业用途的“石之美者”怎么会有这么大的魅力呢？换句话说，那就是玉到底被人们赋予了什么特殊的文化象征意蕴，才导致全民族几千年长盛不衰的崇拜呢？

咱们可以尝试着梳理一下。

■《史记·大宛列传》中提到，张骞认为："于阗（指现在的新疆和田）流出的河流就是黄河的源头，河中多玉石。"后来，汉武帝根据张骞的见闻，就把和田河的源头山脉命名昆仑山。

首先，是玉的神秘。世界上几大文明都有神秘的魅力，东方文明中的神秘一直保持至今。对于中原华夏民族来讲，玉的来历就充满了神秘，不仅掺杂在山石河石中，而且来自华夏大地的龙脉——昆仑山。昆仑山是中国仙道文化的发源地，许多神话传说中的大德大仙都来自昆仑，昆仑山还在西王母的召集下成为众神众仙的根据地。道教几大天尊等都在昆仑山盘踞，他们的弟子如姜子牙、申公豹等也是在昆仑山修炼成功。除了传说中的蓬莱和峨嵋，昆仑山集中了中国仙道神的绝大部分。从风水上看昆仑山是中华的龙脉，从心理上讲昆仑山是华夏民族心中向往的神圣之山。

但实际情况是昆仑山平均海拔4000米以上，是地球上最不适合人类居住的地方之一，是生命枯竭之地。

为什么如此贫瘠高寒之地会氤氲在一片神秘圣洁的氛围之中，成为许多神秘文化的渊薮？答案或许有很多，但肯定与玉有关。

神秘的玉一定来自神秘的地方，玉的问世和玉文化的传播至少给玉的产地蒙上一层神秘的文化外衣。是玉提升了昆仑山的神秘度，在这个意义上，玉参与了中华文明的创造。

其次，是玉的属性。玉乃阴阳合体，既有自强不息的乾健之气，又有厚德载物的坤顺之德，这无疑

契合了中华民族的一种理想人格。太极图是阴阳合抱，阴极为阳，阳极为阴，你中有我我中有你，但太极图毕竟还分出了阴阳，正如尘世间没有合性之人一样，追求至性总有抹不去的遗憾。虽然观音菩萨的性别是一场千年官司，但阴阳合一只是一种不存在的愿望。大概人类也曾天真地认为不管是佛家还是道家，只要修炼到极致就能兼有两性并自主游刃于两性之间，但毕竟缺乏实例的证明。当然，这不妨碍人们仍然把合体作为目标，把心中的观音视为至上，这已然成为人类的情结，合成为一种美。

■ 唐代玉器比起周汉玉器更亲切可爱，更具玩赏性。周代玉器以礼仪玉器为主，不能随便玩赏。汉代丧葬、避邪玉主宰世界，把玩受到限制。唐代玉器，主要表现在玉料的精美化，工用的文玩上，装饰鉴赏化。

当人类埋在心底的情结碰上了“玉之阴阳”的辨析，一下子找到了心灵的寄体。原来玉是既阴又阳的阴阳合体啊！从此，人们有理由欣赏玉，因为玉体现了人类的人格理想：合美。

把玉放到五行坐标中更显出玉的兼容融和，因为五行其实代表着五种性格，在现实世界上要让这五种性格和睦相处殊非易事，于是人类把他们的关系规范在相生相克的循环之中，其本意也是在创造“和”象。现在玉出现了，超越了五行，本身显示出一种万象之和，又暗中契合了华夏民族的理想性格：和。

合和出现在华夏民族的理想中并不奇怪，这与农耕文明的集体无意识有关。农耕文明从种到收需要一个小周期，作物与土地的生息需要一个大周期。在这个大周期内人类不希望出现变故，因此老是祈求风调雨顺和人畜平安。农耕民族因此养成了守成的性格，讲求天人之间和人人之间的平衡和谐，不善于不屑于武力向外扩张。久而久之积淀成了集体无意识，因此中华民族热爱和平，不会对国际社会造成威胁，这是有历史和现实根据的。

合和、天人合一、天下大同这些理念都集中体现了中华民族的理想蓝图，所以，当具有合和之性的玉问世以后，人类对它寄托了最高的理想。

玉有合和之美，其文化象征意义深入人心。

再次，玉代表了人类美好的品行。

古代的人际交往有三道关口：观神骨以解命运，辨清浊以明品行，听宫商以测疾病。客观地讲，神骨与宫商多少带有宿命的安排，人力难以改变。但清浊一项，却可用学养、教养来完善。人品清，则交人如沐春风；人品浊，则人人仓然规避。将人比物，则玉无疑为清莹剔透之至品。古人热衷于以玉比德，状君子大人往往譬之以玉。这大概与玉所代表的品行有关。

■ 玉石是蓄“气”最充沛的物质，故经常佩戴玉器能使玉石中含有的微量元素通过皮肤吸入人体内，从而能平衡阴阳气血的失调，使人祛病保健益寿。

玉的神秘，如天地意志高深难问；

玉的属性，集阴阳五行合和之美；

玉的品行，显君子高士比德于天。

后世铺天盖地的玉文化，盖由此启。玉成为中国文化最高最大的象征。

玉 与 阴 阳

■ 中国古玉器大致可分为礼乐类、仪仗类、丧葬类、佩饰类、工具类、生活用品类、陈设类、杂器类八种。其中，除了玉礼器几千年来品种变化不大外，其他几类都随时代的不同而发生了变化。礼乐类是祭祀、朝享、交聘、军旅等礼仪活动中使用的一些器物。

上古的时候，地球上生态环境尚好，那时还没有空气质量的困扰，除了大风沙天气之外，空气中的浮浊物也不会太多。所以古人能够从容地看天看地，还真有人从天地万物中看出了一点名堂。

天是耐看的。白天的天上有太阳、蓝天、白云，夜晚的天上有不可胜数的星星。不同的星星有不同的亮度，星星的位置也在变化，不过很缓慢。但月亮却是一夜变一个模样，模样变了位置也在变，让观察的人很费琢磨。上古的人比较有耐心，能几千年几万年地“观天象”，在观察天象的同时，还不忘对大地投去探求的目光。

地上有什么，有山、水、大树、绿草，其间还有跑跑跳跳的动物。还有一种获有高级灵性的动物就是

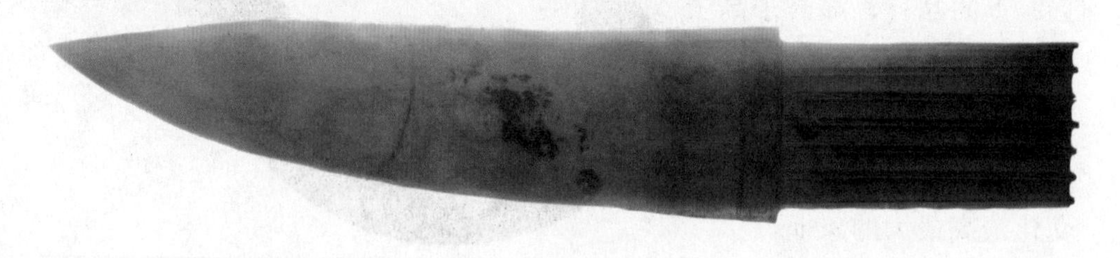

人自己，仔细审视一下，人类发现自己也是有区别的。

这样一对对的概念就出现了：太阳和月亮、高山与流水、男人与女人、白天与黑夜等等。把它们一一排列出来以后，再用减法把重复项和次要项依次减去，最后剩下的就是具有对立属性的一对对实体。拿天上的对立实体太阳与月亮比，一个白天值班，一个夜里出没，一个是永恒不变的，一个是朔望圆缺的；拿地上的对立物高山与流水作对比，山是实的、硬的、不动的，水是虚的、软的、流动的；在男和女之间做对比，男根是实的，女阴是虚的空的。把这些对立物之间的异同总结一下，中华民族的大智慧就出现了，这就是阴与阳。

■ 阴阳的出现是中华人类始祖认识世界的革命性事件，世界从此不再混沌，而是由混沌而剖判，分出了天和地，分出了阴和阳。以阴阳来划分世界，世界立马清晰起来。然而玉出现后，阴阳便现出了尴尬。

阴阳的出现是中华人类始祖认识世界的革命性事件，世界从此不再混沌，而是由混沌而剖判，分出了天和地，分出了阴和阳。以阴阳来划分世界，世界立马清晰起来。

这就是老祖宗伏羲氏“仰者观象于天，俯者察法于地，远取诸物，近取诸身”的结果。阴阳概念出来以后，我们的祖先很得意，以为穷尽了宇宙间的真理。宇宙间阴阳是普遍的存在，万物万事无不包囊在阴阳之中。

直到玉的出现，阴阳才现出了尴尬。

仔细地想了一下，玉既不属阳，也不属阴，但好像是阳，也好像是阴。

大概念竟然让玉这么轻易地逍遥于阴阳之外，这事颇有些难为情。

但中华民族的智慧是至高无上的，不信就不能把玉的归属弄清楚，其实只要换一个概念就一了百了。这不，“阴阴合体”一下子解了理论之围。

玉为阴阳合体，自然符合了合和大势。

■ 人品清，则交人如沐春风，人品浊，则人人仓然规避。将人比物，则玉无疑为清莹剔透之至品。古人热衷于以玉比德，状君子大人往往譬之以玉。这大概与玉所代表的品行有关。

合和不是回到混沌，而是另一层次上的高端化合。在分出了阴阳之后又出现了合阴阳为一体的玉，这不是天造地设的精品吗？

玉在阴阳之上，奠定了玉的崇高。

崇高之体应有崇高之用，玉最初做了些什么呢？

这要看当时的社会有些什么崇高之事。古人云天下大事在戎在祀，也就是说那时候天下大事有两类，一是打仗，保种保家，事关存亡，这当然是大事情。二是祭祀天地，由于事涉天地神祉和祖荫护佑，当然也是大事情。由于悠悠万事只此二事为大，所以玉承担了极其重要的角色——礼器，用来敬天敬地敬神敬祖驱邪等。

据说人类在大部时间和对待大部分事情上面都不够诚实，半心半意或虚情假意者居多，但有两件事无法不真诚，一是追求爱人；二是祭祀天地。凡诚心者必借助仪式，于是仪式由此神圣。玉既然承载了人类的虔诚之心，当然玉的崇高自不必多言。选择玉作礼器，也反映了当时社会对玉的普遍认可。

■ 楼兰人崇尚的是玉的坚硬和实用，而不是玉的审美价值，于是就有较多的玉斧出现。正因为楼兰人没有对玉石美的追求，也没有产生相应的玉雕工艺，所以他们的玉斧才如此简朴无华，连最简单的装饰线条都没有。

至于军事，打打杀杀本没有玉什么事，但由于玉的崇高，还是担当了重要的角色。在崇拜武器的军队里，象征军威和实力的玉斧玉刀始终是镇压之宝，被用作象征物随大军驰骋沙场。

2002年9月29日深夜，新疆博物馆发生了震惊中外的文物盗窃案，在被盗走的五件国宝级文物中，最让人扼腕痛惜的就是两枚镇馆之宝——楼兰玉斧。

窃贼从四米高的铁窗上锯断铁棂，进入展室后一点儿也没有在珠宝展柜面前停留，而是直接奔楼兰玉斧去。他们用玻璃刀划开了一个50厘米见方的洞，然后从洞中进入展柜，蹑手蹑脚地取走了一白一青两枚玉斧。

看得出，他们是专为楼兰玉斧而来。

楼兰玉斧的价值无从定位，大概用“连城”或“无价”也不过分。更重要的是，楼兰玉斧不仅向我们诉说了楼兰文明从7000年前的远古时代就已开始，而且由于它们都是和田玉制成，

这就像地标一样标志出“玉”这种产自昆仑山的石头向东方传播的道路，证明“玉石之路”是早于“丝绸之路”的更有史实价值的文化交流。

玉斧肯定不能用来打仗，但正因为没有砍杀功能，更反证了它的尊贵。

杀伐是阴阳的混战，玉斧超越了厮杀，也超越了阴阳，所以返回头来充当了战争的灵魂。

■ 玉斧出现于新石器时代的晚期。早在近万年前的旧石器时代晚期，到新石器时代，古人就已经发现并开始使用玉石了。史前时期，石斧曾被作为一种实用的杀人武器，后以玉制成，便演化为氏族酋长或部落联盟首领执掌的王权象征物。

祭祀呢？也是阴阳合祭。由此可见，只要是阴阳互生或阴阳合力的仪式，都少不了玉的参与。当然，这类场合也少不了牺牲，但牺也好牲也好都是临时随性而为，是可变的，惟有玉之礼器，是相对恒久的，这说明玉在人类心目中有着恒定的崇拜。

玉与五行

说罢了玉之“阴阳合体”之后，还要把玉放到五行文化的坐标中进行一番考察。这是因为阴阳与五行是中国文化中最玄妙的核心理念，统摄了传统哲学的最高枢机。脱离了阴阳五行的大系统去孤立地认识事物，恐怕连门槛也够不到，遑论登堂入室。对于玉来说，现代科学倒可以长驱直入，但科学技术所剖析论断的结果也无非是告诉人们：玉是两种链状硅酸盐单斜晶系辉闪石矿物的集合体，由于构成成分和内部分子结构的不同，玉又可分为由透闪石——阳起石为主构成的软玉，软玉含少量辉闪石、绿泥石、蛇纹石等天然矿物，含铁者为绿色，不含铁者为白色或浅灰色。还有就是由辉闪石族中的纳辉石或纳钙质辉石组成的硬玉翡翠，而翡翠在中国没有。上述一系列远离口语的专有名词绕得人头晕，头晕之后还是要面对中国仅有的

■ 在了解了阴阳五行后，不难发现玉在五行中没有确切的位置，它只是作为人神沟通的介质，并且赋予人之大德，最终成为中国文化最高的象征和多民族崇拜的文化图腾。玉与图腾，这两者的结合真的天衣无缝。

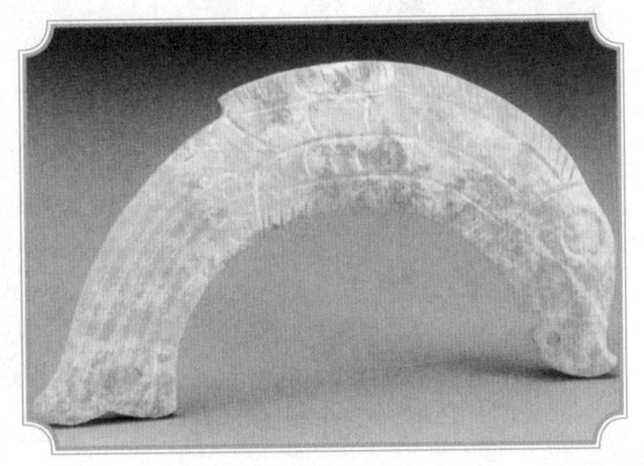

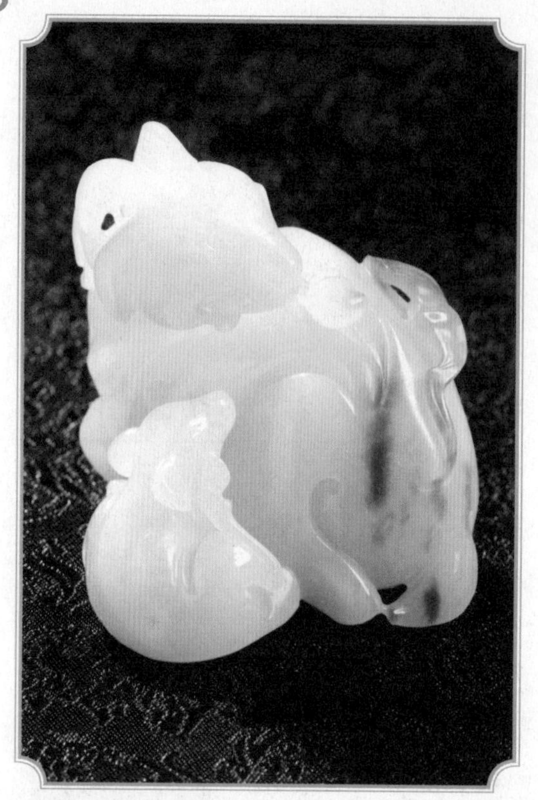

■ 软玉有很多种，颜色也有很多，但都具有油脂光泽。中国新疆和田是软玉的重要产地，那里的软玉被人们称之为“和田玉”。

软玉，特别是有国玉之称的新疆和田玉。

既然是国产，就难免被五行理论统摄，例如归类、属性、功能、生克等。这一系列说项都归了位，玉的价值或曰功能也就不言而喻。

先说说五行。

关于五行理论的生成，学术界流行五种说法，即一源自构成世界的五种基本物质之说；二源自五方观念说；三源自天之五星说；四源自手指计数说；五源自五时气候特点与物候特点的抽象说。在这里，我们取第一种说法，因为在民间流传最广最易被老百姓接受的就是第一种说法。

第一种说法的内容是：世界是由木、火、土、金、水五种物质构成的。在这个物理事实的基础上，人们把这种认识推而广之为物性，赋予世间万物以木、火、土、金、水的属性。后来，又从物性形而上之为文化符号，五行世界就这样诞生了。在这个世界中，万事万物都被阴阳和五行所阐释。阴阳五行和天干地支整合起来，给我们提供了一个世界的全息理论模型，这个模型里当然也包括人类。

由于是全息理论，所以五行涵盖了人体和人类社会的所有内容，每一内容都被纳入一种五行之一的属性。多少年来，中华民族以此来解释世界。

常见的五行对应如下表：

五行	五方	五时	五味	五色	五气	五化	五脏	五腑	五体	五官	五志	五音	五声	五病	五华	五神	五液	五畜	五果	五谷	五臭
木	东	春	酸	青	风	生	肝	胆	筋	目	怒	羽	呼	握	爪	魂	泪	鸡	李	麦	臊
火	南	夏	苦	赤	暑	长	心	小肠	脉	舌	喜	角	笑	嚘	面	神	汗	羊	杏	黍	焦
土	中	长夏	甘	黄	湿	化	脾	胃	肉	口	思	宫	歌	哕	唇	意	涎	牛	桃	稷	香
金	西	秋	辛	白	燥	收	肺	大肠	皮毛	鼻	悲	徵	哭	咳	毛	魄	涕	马	枣	稻	腥
水	北	冬	咸	黑	寒	藏	肾	膀胱	骨	耳	恐	商	呻	栗	发	志	唾	猪	栗	豆	腐

五行之间的关系都是相生相克的：

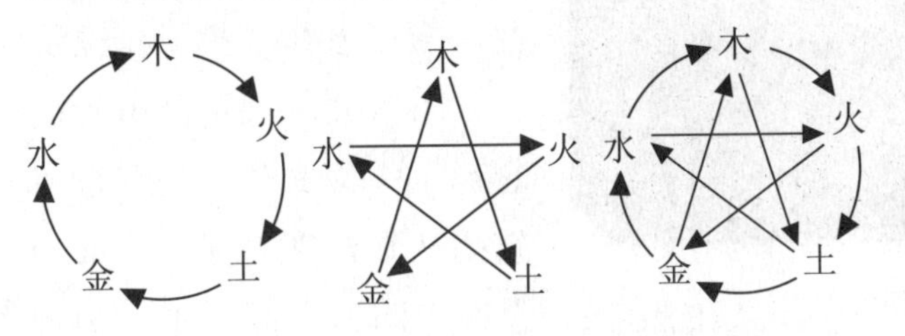

图1：相生图　　图2：相克图　　图3：整合后的相生相克

■ 玉不仅象征着诸种版本的德，更把这种庞大的文化意义同现实个体的人紧紧联结起来，而这种联结的结果便是把玉变成了中华民族的文化图腾之一。

不难发现在图3中，顺时针方向旋转，相邻为相生，相间为相克。五行生克关系为人类的生存和发展提供了理论武器。这个武器在中国文化视域内畅行无阻，从天地运行、季节转换、风水宜克到人体五脏五腑的健弱无所不包，成为中国文化的显著特点和有机成分。

十分吊诡的是，这一次又遇到了意外：五行中哪一行是玉！

仔细对照一下，从物种到物性，玉在五行中找不到位置。

不入阴阳又不入五行的玉，超越了中国文化为阐释世界而构筑的认知框架，又一次成为天地间精灵之气的结晶。也许正因为如此，玉才被视作人神沟通的介质，才被赋予人之大德，才成为中国文化最高的象征和多民族崇拜的文化图腾。

■ 玉的前身是金属矿物质，经过提炼和水泡，就得出了基本五行性质：天然缅甸玉器（如冰种玻璃种）分属“金”和“水”，其中金占多数成分；黄色的和田玉器，则可以做金、火（红色）土此三种五行。

华夏民族不吝以最华美的语言称颂玉，以最理想的人格赞美玉。在汉语词汇中，以玉为词素的词汇多达1500多条，蔚为大观。

既然跳出五行外，又受到先民疯狂的崇拜，所以五行之中谁都想与玉攀亲，充斥在经典作品中的“金玉良缘、木石前盟、情火锻玉、柔水绕玉、厚土蕴玉”等，无不寄托了前人欲结好于玉的良好愿望和文化诉求。

玉虽在五行外，但无疑具有至高无上的尊贵。

玉与战争

有历史记载以来，全世界没有战争的日子不到300天，可见战争是人类的常态。世界也太大了，这里不打那里打，没有大打有小打。这一来反映在统计数字上的战争就把时空占满了，给人的印象是全世界每天都有打仗的地方。

■ 玉器作为珠宝大家庭的一大种类，数千年来一直倍受人们的喜爱。它是山川大地的精华，是东方艺术的瑰宝，文化内涵深厚，经济价值可观，在人们的生活中有着独特的不可替代的价值。

追究战争的原因，却又五花八门，往大里说有领土主权之争，有财富之争，有政权之争。往小里说原因就更多了，甚至一场误会也可引起战争。至于我国的春秋战国时代，什么理由不讲也可以理直气壮地大兴杀伐，所以有“春秋无义战”之说。

到了近代，八国联军打到中国来时，列强其实也没有什么理由，看来纯粹是利益驱使，欲望强烈本身就是理由。所以河上游的狼指责河下游的羊，说羊污染了上游的水。

但仔细辨析一下东西方的战争，还是会发现一些异同。

西方人率性，能为一名美女海伦引发双方长达十年的战争。特洛伊木马让我们至今惊叹于他们的智慧，但不客气的说，我们更惊叹于他们的愚蠢。怎么那么笨呢，连木马腹内的士兵也侦察不出来，还守什么城！

为美女而发动战争在中国比较少，虽然也有“冲冠一怒为红颜”，但我宁愿认为那是吴大帅自己的审势度势。你看看越王勾践，看看汉代的皇帝们，谁不是拿美女来兑换自己的平安！倒有几许绿林好汉，确实为了自己心爱或心恨的女人不惜身家性命，跃马提枪铤而走险。

■ “璞玉”实际上是带有皮壳的玉石,也只有水石和由于沉积作用形成的玉石才有皮壳。《韩非子·和氏》：“王乃使玉人理其璞，而得宝焉。”这是指蕴玉之石，也可比喻尚未为人所知的贤才。

看来心之所爱是有等级的，西方人把女人爱到极致，不惜发动战争。东方人也爱女人，但没有爱到不惜一战的地步，所以东方人少有决斗。为争女人决斗在西方成为流行，以至于普希金那样的诗人也难免倒在情敌的枪口下。

但是我们的祖先也有最爱，爱到不惜发动一场战争，爱到血雨腥风，爱什么呢？爱玉。因玉而起的战争在历史上有好多起。当然公平的说，并不单纯是为玉，大部分还是为江山，但小部分战争的确是因为玉。

我们曾经叙述过3000多年前的商王朝为夺玉而大征鬼方的战争。就那时中原和西域的关系来推断，这一类战争或摩擦肯定不会太少，只是事过境迁，又缺少文字记载，久而久之也就被历史的尘埃湮没了。

但有一块玉始终没有湮没，它于周厉王时代起，伴随着天下大势的沧桑巨变，也经历了离奇的命运。许多王朝的兴衰与这块玉紧密相连，它不仅润色了江山，而且成就了自古以来的众多将相。

这方具有超越时空魅力的玉就是贯穿中国历史一大半过程的和氏璧。

■ 两千年前，汉王朝的铁骑，保障了西域商路的畅通，丝绸成为古罗马贵族手中的奢侈品。在此之前一千年，商王朝的庞大军队，踏上了几乎相同的征程，道路的另一端埋藏的是统治者梦寐以求的宝藏——玉石。

春秋时楚人卞和在楚山，一说荆山（今湖北南漳县）看见有凤凰栖落在山中的青石板上，依“凤凰不落无宝之地”之说，他认定山上有宝，经仔细寻找，终于在山中发现一块璞玉，拿来献给厉王。厉王命玉工查看，玉工说这只不过是一块普通的石头。厉王大怒，以欺君之罪砍下卞和的左脚，逐出国都。厉王死，武王即位，卞和再次捧着璞玉去见武王，武王又命玉工查看，玉工仍然说只是一块石头，卞和因此又失去了右脚。

削足是古代五刑之一，称为刖。五刑分别是墨（在额头上刻字涂墨）、劓（割鼻子）、刖（砍脚）、宫（毁坏生殖器）、大辟（死刑）。刖刑居中，可见是当时中等的惩罚。中等惩罚中也透着残忍，因为那毕竟是拿人不当人的奴隶制社会。

楚文王继位后，卞和怀揣璞玉在楚山下痛哭了三

天三夜，以致满眼溢血。文王很奇怪，派人问他：“天下被削足的人很多，为什么只有你如此悲伤？”卞和感叹道：“我并不是因为被削足而伤心，而是因为宝石被看作石头，忠贞之士被当作欺君之臣，是非颠倒而痛心啊！”于是，文王命人剖开这块璞玉，果真是稀世之玉。为奖励卞和的忠诚，美玉被命名为“和氏之璧”，这就是后世传说的和氏璧。

■ 和氏璧是历史上著名的美玉，在它流传的数百年间，被奉为“价值连城”的“天下所共传之宝”，又称和氏之璧、荆玉、荆虹、荆璧、和璧、和璞。

和氏璧是历史上著名的美玉，在它流传的数百年间，被奉为“价值连城”的“天下所共传之宝”，又称和氏之璧、荆玉、荆虹、荆璧、和璧、和璞。

楚王得此美玉，十分爱惜，都舍不得雕琢成器，就奉为宝物珍藏起来。又过了400余年，楚威王为表彰有功忠臣，特将和氏璧赐予相国昭阳。昭阳率宾客游赤山时，拿出玉璧供人观赏，不料众人散去后，和氏璧不翼而飞。50余年后的公元前283年，赵国人缪贤在集市上用五百金购得一块玉。令人始料未及的是，经玉工鉴别，此玉就是失踪多年的和氏璧。

赵惠文王听说和氏璧在赵国出现，遂据为己有。秦昭王获悉此事后，致信赵王说，愿以秦国十五座城池换取玉璧。赵惠文王得到信后，一下子拿不定主意，十分为难，于是就把大将军廉颇和其他许多大臣召来，商量对策。如果把和氏璧送给秦国，恐怕秦国不会真用十五座城来交换，白白地受到欺骗；如果不给，秦强赵弱，又怕秦国出兵攻打赵国。这令赵王左右为难，想派个使者到秦国去交涉，又找不到合适的人选。

正在此时，宦官头目缪贤走出来说：“我有个家臣，叫蔺相如，此人智勇双全，不如派他到秦国去。”赵王问：“你怎么知道他可以出使秦国呢？”缪贤就告诉赵王说，“我以前曾经冒犯了大王，怕您治罪，打算偷偷逃到燕国去。蔺相如知道后，劝阻我说：‘你怎么知道燕王会接纳你呢？’我告诉他说：‘我曾经跟随大王在边境上与燕王相会。当时燕王曾私下握住我的手表示愿意和我交个朋友。因此，我决定到燕国去投靠燕王。’蔺相如听了说：‘赵强燕弱，而你又是赵王的宠臣，燕王才愿意和你交朋友。现在你得罪了赵王，如果逃到燕国去，燕王害怕赵国，决不敢收留你，只会把你捆绑起来送回赵国。到那时，你的性命就难保了。现在你不如脱掉衣服，赤身伏在腰斩人的斧子上，亲自去大王面前认罪请求处罚，大王宽厚仁慈，或许能得到大王的宽恕。’我听后照着做了，大王您果然宽恕了我。因此，我认为蔺相如能够出使秦国并圆满完成任务。”

■ 和氏璧是中国历史上著名的美玉，在它流传的数百年间，被奉为“价值连城”的“天下所共传之宝”，又称和氏之璧、荆玉、荆虹、荆璧、和璧、和璞。与随侯珠齐名，共为天下两大奇宝。

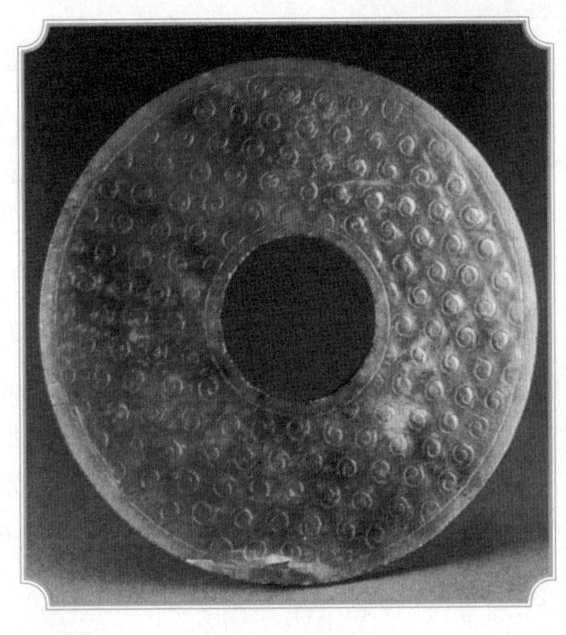

赵王派人把蔺相如召来，问道：“现在秦王要用十五座城邑来换和氏璧，可以答应吗？”蔺相如说：“秦强赵弱，我们不能不答应。”赵王又问：“要是秦王得了璧，却不肯把城交给赵国，又该怎么办呢？”蔺相如说：“确实如此，但秦国用十五座城来换和氏璧，如果赵国不答应，那就是我们理亏，秦国也正好有借口攻打赵国；要是赵国把璧送到秦国，而秦国不肯把城交给赵国，那么就是秦国理亏。比较一下，我认为最好是答应秦国，把璧送去，让秦国负不讲道理的责任。”停了一会儿，他接着说：“我想大王现在可能没有适当的人选吧，我倒愿意出使秦国，假如秦国真的把城邑交给赵国，我就把宝玉留在秦国；如果秦国不交城邑，我一定把宝玉完完整整地带回来。”

■ 和氏璧，最早见于《韩非子》《新序》等书，传为琢玉能手卞和在湖北荆山发现（今湖北省襄阳市南漳县巡检镇金镶坪村村西有遗址可考证），初不为人知，后由楚文王赏识，琢磨成器，命名为和氏璧，方成为传世之宝。

于是，赵惠文王任命蔺相如做使臣，带着和氏璧西使秦国。秦昭王在章台接见蔺相如，蔺相如双手捧璧，献给秦王，秦王接过璧。展开锦袱观看，果然纯白无瑕，宝光闪烁，雕镂之处，天衣无缝，真不愧是稀世之宝，非常高兴，又依次递给妃嫔、文武大臣和侍从们欣赏，众人都啧啧称赞，欢呼“万岁”，向秦王表示祝贺。

过了很久，秦王却绝口不提以城换璧的事，蔺相如知道秦王绝对不会以城换璧，心生一计，对秦王说：“这块宝玉很好，就是有点小毛病，让我指给大王看。”秦王听后，就把璧交给他。蔺相如接过璧，迅速后退几步，身子靠着柱子，愤怒得连头发都快竖起来，义正词严地对秦王大声说道，“大王想要这块美玉，写信给赵王，答应用十五座

城来交换。当时赵王召集文武大臣商议，都说秦国贪得无厌，仗着势力强大，想用几句空话骗取赵国的宝玉。大家都不同意把璧送来。可我却认为：即使老百姓交朋友，尚且互不欺骗，何况秦国是个堂堂大国呢？再说也不能因为一块璧的缘故而伤了两国的和气。赵王采纳了我的意见，并且还斋戒了五天，写了国书，然后派我作使臣带着宝玉到秦国来。态度如此恭敬。可大王却在一般的离宫接见我，而且态度又这样傲慢。大王把这么贵重的宝玉，随便递给宫女侍从们观看，分明是在戏弄我，也是对赵国不尊敬。我看大王并没有用城换璧的诚意，所以我把它要了回来，如果大王一定要逼迫我，我情愿把自己的脑袋和这块宝玉在柱子上撞个粉碎。”说罢，蔺相如举起和氏璧，眼瞅柱子，作势向柱子砸去。

■ 和氏璧的产地位于位于安徽省蚌埠市怀远县荆山的卞和洞，也就是春秋时楚国人卞和的采玉处。卞和洞由巨岩天然巧成，石型圆润，石表青翠。洞上方有玉坑、濯玉涧、凤凰池等多处胜迹。洞中可容数十人，岩壁有“青螺石帐”镌字，置身其中，仿佛入玉珠帐里。

秦王怕蔺相如把璧砸坏，赶忙赔礼道歉，请他不要那样做，一面叫来掌管地图的官员送上地图。秦王摊开地图对蔺相如说，从这里到那里的十五座城，准备划归赵国。蔺相如想到秦王现在不过是装装样子而已，绝对不会把城给赵国，于是又对秦王说；“这块和氏璧，是天下公认的宝贝，赵王非常喜欢，可因为害怕秦国势力强大，不敢不献给秦王。在送走这块璧的时候，赵王斋戒了五天，还在朝廷上举行隆重的仪

■ 公元前228年，秦灭赵，和氏璧落入秦国手中，不幸的是，和氏璧从此从历史记载中消失了。传说中秦始皇统一六国后，将和氏璧制成了传国玉玺。

式。现在，大王要接受这块璧，也应该斋戒五天，然后在朝廷上举行九宾之礼，我才能把璧献给大王。”秦王想到璧在蔺相如手里，不好强取硬夺，便答应斋戒五天，然后，又派人送蔺相如到广城宾馆去休息。

到了宾馆，蔺相如想到秦王虽然答应了斋戒五天，但一定不会真把城给赵国，于是就选了一名精干的随从，让他穿上粗布衣服，打扮成普通老百姓的模样，揣着和氏璧，悄悄地从小路连夜赶回赵国去了。

再说秦王假装斋戒了五天，就在朝廷上设下隆重的九宾之礼。两边文武大臣排立，传下命令，要蔺相如来献璧。蔺相如走上朝廷，对秦王行了礼说：“秦国从秦穆公以来，已经有二十一位国君了，没有一个是讲信用的。我怕受大王的欺骗而对不起赵国，所以早派人带璧离开秦国，恐怕现在早已到赵国了。”秦王听了，十分恼怒。蔺相如仍旧从容不迫地说：“今日之势，秦强赵弱，因此大王一派使者到赵国要璧，赵国不敢违抗，马上就派我把璧送来。现在要是秦国真把十五座城割让给赵国以换取和氏璧，赵国哪敢要秦国的城邑而得罪大王？欺骗大王，罪当万死，我已不存生还赵国之望，现在就请大王把我放在油锅里烹死吧，这样也能使诸侯知道秦国为了一块璧的缘故而诛杀赵国的使者，大王的威名也能传播四方了。”

秦王的阴谋被彻底揭穿，又狡辩不得，只好苦笑一番。而秦王左右的大臣卫士，有的建议把蔺相如杀掉，但被秦王喝住了。秦王说："现在即使把蔺相如杀了，也得不到璧，反而损害了秦赵两国的友谊，也有损秦国的名声，倒不如趁机好好招待他，让他回赵国去。"

于是，秦王依旧按九宾之礼在朝廷上隆重地招待了蔺相如，然后客气地送他回国。以后，秦国一直不肯把十五座城割给赵国，赵国自然也就没有把璧送给秦国。

公元前228年，秦灭赵，和氏璧最终还是落入秦国手中。不幸的是，和氏璧从此从历史记载中消失了。传说中秦始皇统一六国后，将和氏璧制成了传国玉玺。

■ 传说中秦始皇统一六国后，将和氏璧制成了传国玉玺。据《史记》记载，秦王政九年，便制造了玉玺。刘邦灭秦得天下后，子婴将玉玺献给了刘邦，玉玺成为"汉传国宝"。

姑且不论传国玉玺是否用和氏璧琢制的，秦始皇统一中国后，确实曾令玉工雕琢过一枚皇帝玉玺，称之为"天子玺"。据史书记载，此玺用陕西蓝田白玉雕琢而成，另一说言之凿凿，肯定用和氏之璧雕成。龙鱼凤鸟钮玉玺上刻文是丞相李斯以大篆书写的"受命于天，既寿永昌"八字。

传国玺自问世后，就开始了富有传奇色彩的经历。传说公元前219年，秦始皇南巡行至洞庭湖时，风浪骤起，所乘之舟行将覆没。始皇抛传国玉玺于湖中，祀神镇浪，方得平安过湖。8年后，当他出行至华阴平舒道时，有人持玉玺站在道中，对始皇侍从说："请将此玺还给祖龙（秦始皇代称）。"言毕不见踪影。传国玉玺复归于秦。

秦末战乱，刘邦率兵先入咸阳。秦亡国之君子婴将"天子玺"献给刘邦。刘邦建汉登基，佩此传国玉玺，号称"汉传国玺"。此后，玉玺珍藏在长乐宫，成为皇权象征。西汉末王莽篡权，皇帝刘婴年仅两岁，玉玺由孝元太后掌管。王莽命安阳侯王舜逼太后交出玉玺，遭太后怒斥。太后怒中掷玉玺于地时，玉玺被摔掉一角，后以金补之，从此留下瑕痕。

■ 玉玺从秦代以后，皇帝的印章专用名称为"玺"，又专以玉质，称为"玉玺"，共有六方，为"皇帝之玺""皇帝行玺""皇帝信玺""天子之玺""天子行玺""天子信玺"。在皇帝的印玺中，有一方玉玺不在这六方之内，这就是"传国玉玺"。

王莽败后，玉玺几经转手，最终落到汉光武帝刘秀手里，并传于东汉诸帝。东汉末，十常侍作乱，少帝仓皇出逃，来不及带走玉玺，返宫后发现玉玺失踪。旋"十八路诸侯讨董卓"，孙坚部下在洛阳城南甄宫井中打捞出一宫女尸体，从她颈下锦囊中发现"传国玉玺"，孙坚视为吉祥之兆，于是做起了当皇帝的美梦。不料孙坚军中有人将此事告知袁绍，袁绍闻之，立即扣押孙坚之妻，逼孙坚交出玉玺。

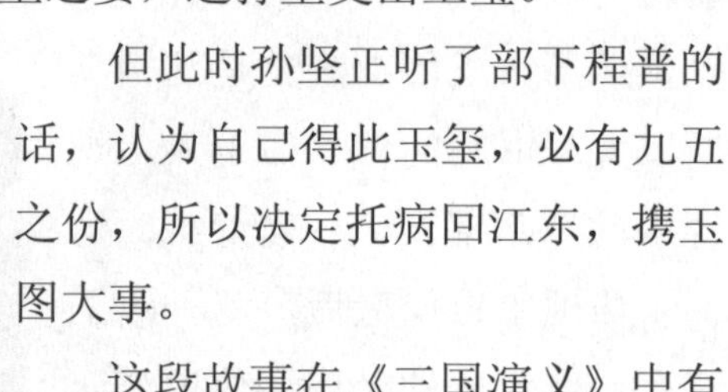

但此时孙坚正听了部下程普的话，认为自己得此玉玺，必有九五之份，所以决定托病回江东，携玉图大事。

这段故事在《三国演义》中有详尽描述：

次日，孙坚来辞袁绍曰："坚抱小疾，欲归长沙，特来别公。"绍笑曰，"吾知公疾：乃害传国玺耳。"坚失色曰："此言何来？"绍曰："今兴兵讨贼，为国除害。

玉玺乃朝廷之宝，公既获得，当对众留于盟主处，候诛了董卓，复归朝廷。今匿之而去，意欲何为？”坚曰：“玉玺何由在吾处？”绍曰：“建章殿井中之物何在？”坚曰：“吾本无之，何强相逼？”绍曰：“作速取出，免自生祸。”坚指天为誓曰：“吾若果得此宝，私自藏匿，异日不得善终，死于刀箭之下！”众诸侯曰：“文台如此说誓，想必无之。”绍唤军士出曰：“打捞之时，有此人否？”坚大怒，拔所佩之剑，要斩那军士。绍亦拔剑曰：“汝斩军人，乃欺我也。”绍背后颜良、文丑皆拔剑出鞘。坚背后程普、黄盖、韩当亦掣刀在手。众诸侯一齐劝住。坚随即上马，拔寨离洛阳而去。绍大怒，遂写书一封，差心腹人连夜往荆州，送与刺史刘表，教就路上截住夺之。

■ “传国玉玺”又称“传国玺”，为秦以后历代帝王相传之印玺，乃奉秦始皇之命所镌。其方圆四寸，上纽交五龙，正面刻有李斯所书“受命于天，既寿永昌”八篆字，以作为“皇权神授、正统合法”之信物。

却说荆州刺史刘表，字景升，山阳高平人也，乃汉室宗亲；幼好结纳，与名士七人为友时号“江夏八俊”。那七人——汝南陈翔，字仲麟；同郡范滂，字孟博；鲁国孔昱，字世元；渤海范康，字仲真；山阳檀敷，字文友；同郡张俭，字元节；南阳岑晊，字公孝。刘表与此七人为友；有延平人蒯良、蒯越，襄阳人蔡瑁为辅。当时看了袁绍书，随令蒯越、蔡瑁引兵一万来截孙坚。

坚军方到，蒯越将阵摆开，当先出马。孙坚问

曰："蒯异度何故引兵截吾去路？"越曰："汝既为汉臣，如何私匿传国之宝？可速留下，放汝归去！"坚大怒，命黄盖出战。蔡瑁舞刀来迎。斗到数合，盖挥鞭打瑁，正中护心镜。瑁拨马回走，孙坚乘势杀过界口。山背后金鼓齐鸣，乃刘表亲自引军来到。孙坚就马上施礼曰："景升何故信袁绍之书，相逼邻郡？"表曰："汝匿传国玺，将欲反耶？"坚曰："吾若有此物，死于刀箭之下！"表曰："汝若要我听信，将随军行李，任我搜看。"坚怒曰："汝有何力，敢小觑我！"方欲交兵，刘表便退。坚纵马赶去，两山后伏兵齐起，背后蔡瑁、蒯越赶来，将孙坚困在垓心。亏得程普、黄盖、韩当三将死救得脱，折兵大半，夺路引兵回江东。自此，孙坚与刘表结怨。

■ 历代帝王皆以得此玺为符应，奉若奇珍，国之重器也。得之则象征其"受命于天"，失之则表现其"气数已尽"。凡登大位而无此玺者，则被讥为"白版皇帝"，显得底气不足而为世人所轻蔑。由此便促使欲谋大宝之辈你争我夺，致使该传国玉玺屡易其主。

孙坚后来跨江击刘表，未果身死。

此后，传国玉玺几经辗转，为魏所得。

三国一统，玉玺归晋。西晋末年，北方陷入朝代更迭频繁、动荡不安的时代。"传国玉玺"被不停地争来夺去。晋怀帝永嘉五年（公元311年），玉玺归前赵刘聪。东晋咸和四年（公元329年），后赵石勒灭前赵，得玉玺；后赵大将冉闵杀石鉴自立，复夺玉玺。此阶段还出现了几方"私刻"的玉玺，包括东晋朝廷自刻印、西燕慕容永刻玺、姚秦玉玺等。到南朝梁武帝时，降将侯景反叛，劫得传国玉玺。不久，侯景败死，玉玺被投入栖霞寺井中，经寺僧将玺捞出收存，后献给陈武帝。

隋唐时，“传国玉玺”仍为统治者至宝。五代朱温篡唐后，玉玺又遭厄运，后唐废帝李从珂被契丹击败，持玉玺登楼自焚，玉玺至此下落不明。

如此庞大的历史叙事只是为了一块玉，当然玉被雕成传国玉玺时，玉便有了另外的价值。可是话又说了回来，传国玉玺的原料是玉而不是其他，也可以从另一方映照出玉在人们心目中的地位。因为对玉的崇拜，所以玉不仅可以作为皇权的象征物，而且玉本身涵载的吉祥意蕴也是它在人们心目中的物质、精神价值所在。

■ 根据汉代的记载，皇帝有六玺：皇帝行玺，皇帝之玺，皇帝信玺，天子行玺，天子之玺，天子信玺。六玺的用途都不同，由符节令丞掌管。由此可知，玉玺象征最高的统治权。

在近代屈辱的中国历史上，随着列强的铁蹄对华夏大地的践踏，收藏在皇家、官家和寻常百姓家的玉玩玉藏被大批掠往海外。一些老牌殖民主义国家至今仍以炫耀的姿态向全世界展示他们所谓的“国宝”，并时有拍卖闹剧上演。但我们知道，这些珍贵的藏品都来自中国。它们流落海外的历史就是列强一次次向中国发动不义战争的历史见证。

“黄金有价玉无价”，无价的玉颇能引发人类无边的欲，那么为玉而战也就不奇怪了。

但玉还有别的精神象征，如“宁为玉碎，不为瓦全”，就体现

了中华民族的气节和精神向往。

北朝东魏的孝静帝被迫将帝位让给丞相高洋。高洋次年又毒死了孝静帝及其三个儿子。高洋当皇帝第十年出现了日食。他担心这是一个不祥之兆，把一个亲信召来问：“西汉末年王莽夺了刘家的天下，为什么后来光武帝刘秀又能把天下夺回来？”那亲信随便回答说：“陛下，因为他没有把刘氏宗室人员斩尽杀绝。”高洋竟相信了那亲信的话，又开了杀戒，把东魏宗室全部处死，连婴儿也无一幸免。消息传开后，东魏宗室的远房宗族也非常恐慌，生怕什么时候高洋的屠刀会砍到他们头上。他们赶紧聚集起来商量对策。有个名叫元景安的县令说，眼下要保命的唯一办法，是请求高洋准许他们脱离元氏，改姓高氏。元景安的堂兄景皓，坚决反对这种做法。他气愤地说：“怎么能用抛弃本宗、改为他姓的办法来保命呢？大丈夫宁可做玉器被打碎，不愿做陶器得保全。我宁愿死而保持气节，不愿为了活命而忍受屈辱！”元景安为了保全自已的性命，卑鄙地把景皓的话报告了高洋。高洋立即逮捕了景皓，并将他处死。元景安因告密有功，高洋赐他姓高，并且升了官。但是，残酷的屠杀不能挽救北齐摇摇欲坠的政权。三个月后，高洋因病死去。再过十八年，北齐王朝也寿终正寝了。“宁为玉碎，不为瓦全”的意思是宁可做玉器被打碎，不愿做陶器完整保全。比喻宁愿保持高尚的气节死去，而不愿屈辱地活着。

■ 中国的玉文化源远流长，古人云：“君子之德比于玉。”大丈夫宁可做玉器被打碎，不愿做陶器得保全，比喻宁愿保持高尚的气节死去，而不愿屈辱地活着。这体现了中华民族的气节和精神向往。

从金玉良缘到金玉满堂

金和玉，是自然界中天然存在的两种物质。本来不搭界，但在漫长的文明进程中却被人类筛选出来，赋予了物质以外的文化和精神象征，从此成为人类文明的代言，成为宗教一般狂热的崇拜。崇拜反过来重塑了人类的灵魂，深刻地改变了人类。具体的说就是东方人崇玉，西方人拜金。

■ 在中国，玉器从旧石器时代至今已有五千多年的历史了，它记录了人类生活，社会的变迁，比金、银、铜、铁器不知要早多少年。从旧石器时代到奴隶社会、封建社会，玉器的佩带代表着人们社会地位。

根据考古得出的结论，西方人早于东方发现并崇拜黄金。7000多年前，苏美尔人就进入了金石并用的时代，两河文明也基本上闪射出黄金的灿烂。《旧约全书》中说：从伊甸园流出的是一条黄金河。

西方人对黄金崇拜表现在社会和人生的各个角落，并且建立金本位货币，让黄金充当社会财富和人际地位的杠杆，从而塑造了西方人的价值体系。这一点比我们直率真诚得多，从社会型态的进化上也比东方要先进。

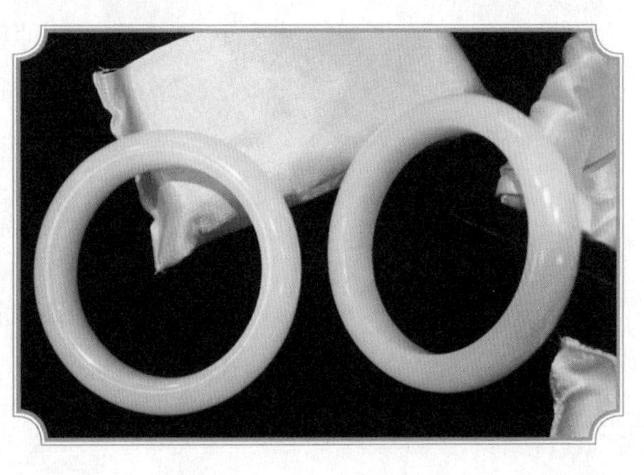

以至于直到现在，我们还在努力地完善东方人并不擅长的市场经济。

西方人爱金，但他们最早的采金地却在东方，在有金山之称的阿尔泰。古希腊史料中就有对阿尔泰的记载：阿尔泰山72条沟，沟沟有黄金。常常有人走路时被绊了一下，低头看是一块“狗头金”。“狗头金”并不是上品，但民间常用它比喻好运已来。

希腊传说中的阿尔泰金山由鹰头狮身的格里芬神守护，但到了公元前十世纪时，强大的塞人就从西方来并占领了阿尔泰。虽然塞人迫于匈奴的压力又回迁到西方，但是从亚洲草原到欧洲草原的迁移中我们明晰地看到了一条“黄金西行之路”。塞人与匈奴一样是游牧民族，他们将黄金镶嵌在马具、衣服上。因为黄金不像玉那样易碎，所以更适合他们的游牧生活。从这个意义上说，黄金属于游牧，玉石则属于定居的农耕文明。这或许是两种物质的分属于不同地域文明的原因。

■ 玉主要产于昆仑山中。因为昆仑山海拔4000米以上，终年积雪，只有在这样的环境中才能蕴育化生出兼天地灵气的宝玉。

中国人爱玉，但最美的玉却不产于东方，美玉产生于西方昆仑山中。昆仑山从来是中国人心目中最神秘最威严最能代表天地意志的山，是承接“天气”的龙脉所在。因为有了昆仑山，华夏大地的风水才有了干龙，昆仑山把上天的气承接下来，然后才下放给太行、泰山、燕山及江南诸山，使华夏大地遍布上天的恩泽。昆仑山由于太崇高，故只有周穆王驾神马才能到

达，那是海拔4000米以上的雪域，是大自然阴阳交汇、水火交融、鬼斧神工的造化造物。只有在这样的环境中才能蕴育化生出兼天地灵气的宝玉。

金和玉本来不搭界，但由于产地的靠近而产生了靠拢和交融。一个在新疆以北的阿尔泰，一个在新疆之南的昆仑山，中间是地域广大的中亚草原，世界两大文明就这样在不经意间靠近了，金和玉产生了交锋、碰撞、融合，同时被东西方民族接受，金玉从此结为良缘。世界从此进入了金玉文明时代。

■ 金童玉女，道家指侍奉仙人的童男童女，后泛指天真无邪的男孩女孩。金童玉女出自唐徐彦伯《幸白鹿观应制》："金童擎紫药，玉女献青莲。"

以上这些过程最迟也是上古时代的事，等到"有史以来"即有了文字记载以后，西方的事不清楚，东方的中国却出现了金玉并重的金玉崇拜。

中华民族尚和，不大鼓励单枪匹马异军突起，所以金和玉往往并列出现在一对对的概念中，以金玉的不同特点和属性做着互相补充和完善。

当然在人类解决了生存问题以后，发展的命题是首要的。我们的祖先在解决了吃饭问题以后，便十分注意人类的繁衍生息，男女之事被提到"五伦之大"的首要位置。人们当然希望充当人类再生产主角的男女是天造地设的优秀，于是憧憬中的"金童玉女"就出现了。

童年男女被视为最纯洁最神圣的人类子嗣，也代表着最宝贵的童贞。中国文化看重第一次，因此把金

童玉女视为男女绝配的不二人选。金童玉女出现在人们心目中不知起于何时，但最早见于文字却是在神话和传说中，西王母的身边、玉皇大帝的御前，还有得道德仙的随侍都离不开童年的男女，这大概意味着主人的阴阳平衡。观音大士原来是只有龙女跟随的，后来终于把牛魔王和铁扇公主的儿子圣婴大王收伏了去，做了合什玉立很有礼貌的善财童子。

■ 北京2008年奥运会奖牌正面为国际奥委会统一规定的图案——插上翅膀站立的希腊胜利女神和希腊潘纳辛纳科竞技场。奖牌背面镶嵌着取自中国古代龙纹玉璧造型的玉璧，背面正中的金属图形上镌刻着北京奥运会会徽。人们形象地叫它金（银，铜）镶玉奖牌。

最初人们用金玉状写少男少女，后来扩大到歌颂一切想要赞美的人和事。随便在网上一搜就收集到了300多条以金玉做比的成语，而我们知道，汉语中的常用字一共才3000字左右，我们还知道3500—3800字的识字水平就摘掉了文盲的帽子。在3000—4000字的范围里竟然包括了300多条嵌以“金玉”的成语，可见金玉是多么伸展地享受着汉语。

2008年北京奥运会的奖牌被创意地定为“金镶玉”，这无疑是一次东方理念融合的国际性实践。金镶玉寓意良深，既有东西融合的愿望，又申张了东方理念的诉求。金镶玉成为金玉良缘最成功的国际版。

金玉还被赋以更广泛的祝福，金玉满堂就是老百姓最追求的愿景。既富且贵大概是所有家庭的理想目标，再也找不到比金玉满堂更美好的局面。

3000年的中华文明酿成了金玉的广泛崇拜，时至今日，一切美好的人与事皆可以金玉喻之，和玉有关的词汇请看：

鉴玉尚质，执玉尚谨，用玉尚慎。

家家抱荆山之玉，人人握灵蛇之珠。

佩玉升情操，藏玉显真情。

艰难困苦，玉汝于成。

无阳不看玉，月下美人多。　玉不琢，不成器。

宁可玉碎，不能瓦全。　他山之石，可以攻玉。

丰年玉荒年谷　　无瑕胜美玉　　君子必佩玉

太平盛世玉生辉　　化干戈为玉帛　莱霞倚玉树

字字珠玉　珠沉玉陨　玉箫金琯　玉碎香消

玉碎香残　玉树芝兰　玉成其事　英英玉立

犀颅玉颊　美玉无瑕　粉装玉琢　盗玉窃钩

衒玉自售　醉玉颓山　衒玉求售　衒玉贾石

子女玉帛　酌金馔玉　馔玉炊珠　珠圆玉润

珠盘玉敦　朱盘玉敦　珠零玉落　珠联玉映

珠规玉矩　朱唇玉面　珠沉玉碩　钟鼓馔玉

碔砆混玉　渊清玉絜　玉走金飞　玉柱擎天

玉质金相　玉振金声　玉宇琼楼　玉友金昆

玉叶金枝　玉液金浆　玉关人老　玉圭金臬

玉毁椟中　玉减香消　玉减香销　玉洁冰清

玉洁松贞　玉粒桂薪　玉润冰清　玉石不分

玉石混淆　玉石俱焚

玉石同沉　玉石相揉

玉树琼枝　玉碎香销

玉堂金马　玉堂人物

玉箫金管　玉燕投怀

玉液金波　玉液琼浆

玉食锦衣　玉润珠圆

玉软花柔　玉清冰洁

■ 金镶玉，顾名思义就是在金器上镶嵌各种美玉，这种特殊的金、玉镶嵌工艺为我国所特有，且历史悠久制作精美。在中国传统文化中，金和玉象征高贵与纯洁，一如诗仙李白所赞“金樽清酒斗十千，玉盘珍馐值万钱”，所以金镶玉寓意“金玉良缘”，堪称尊贵吉祥与超凡脱俗的完美结合。

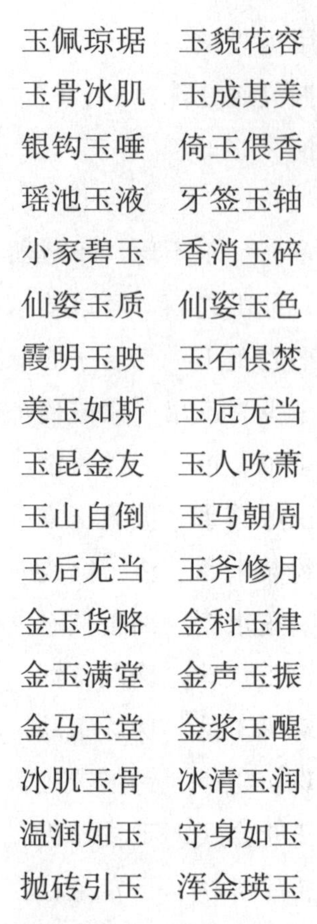

玉佩琼琚 玉貌花容 玉律金科 玉漏犹滴
玉骨冰肌 玉成其美 玉惨花愁 蝇粪点玉
银钩玉唾 倚玉偎香 瘗玉埋香 以玉抵乌
瑶池玉液 牙签玉轴 炫玉贾石 玄圃积玉
小家碧玉 香消玉碎 香消玉减 香培玉琢
仙姿玉质 仙姿玉色 涎玉沫珠 衔玉贾石
霞明玉映 玉石俱焚 玉波静海 玉鱼之敛
美玉如斯 玉卮无当 玉姜避难 玉扇之报
玉昆金友 玉人吹萧 玉川之奴 玉马白驹
玉山自倒 玉马朝周 玉石难分 玉山将崩
玉后无当 玉斧修月 金吊珠玉 金题玉嫂
金玉货赂 金科玉律 金玉良言 金相玉质
金玉满堂 金声玉振 金枝玉叶 金口玉言
金马玉堂 金浆玉醒 金童玉女 冰壶玉尺
冰肌玉骨 冰清玉润 洁身如玉 亭亭玉立
温润如玉 守身如玉 以色辨玉 堆金砌玉
抛砖引玉 浑金璞玉 琼浆玉液 珠玉溅雾
清脆如玉 良金美玉
良玉不豫 白玉为皇
昆山之玉 昆山片玉
白玉楼成 伯雍种玉
出玉生金 大宋玉音
饭玉炊桂 封金刊玉
赴召玉楼 改步改玉
怀珠抱玉 兰摧玉折
兰田生玉 佩玉晏鸣
窃玉偷香 求玉索剑
精金良玉 象等玉杯

■ 自古金玉相配就有金玉良缘之意，数百年前一直为帝王把持，作为财富和权力象征。现在二者终於又被完美地结合在了一起，作为尊贵吉祥的象征，供有识之士赏玩。

不吝金玉　萧史弄玉　以玉抵鹊　切玉断金
如花似玉　投瓜报玉　候服玉食　葬玉埋香
芝兰玉树　钟山之玉　紫玉成烟　美如冠玉
炫玉贸石　珠玉在侧　珠磐玉敦　被褐怀玉
夏玉敲金　琼枝玉叶　琼楼玉宇　喷金吐玉
怜香惜玉　香消玉硕　飞珠溅玉　玉树临风
八珍玉食　白玉微瑕　白玉无瑕　抱玉握珠
被褐怀玉　冰肌玉骨　冰洁玉清　冰清玉粹
冰清玉洁　冰清玉润　伯玉知非　不分玉石
不吝珠玉　柴天改玉　炊金馔玉　爨桂炊玉
摧兰折玉　雕栏玉砌　雕阑玉砌　雕玉双联
鼎铛玉石　鼎玉龟符　断手续玉　断香零玉
堆金迭玉　堆金叠玉　堆金积玉　飞珠溅玉
粉妆玉砌　粉妆玉琢　改步改玉　改玉改步
改玉改行　龟玉毁椟　桂薪玉粒　桂玉之地
桂枝片玉　横金拖玉　侯服玉食　怀珠抱玉
怀珠韫玉　浑金白玉　浑金璞玉　击玉敲金
积金累玉　积玉堆金　戛玉鸣金　戛玉锵金
戛玉敲冰　戛玉敲金　艰难玉成　兼葭倚玉
蒹葭倚玉　金镳玉络　金镳玉辔　金波玉液
金风玉露　金闺玉堂　金辉玉洁　金枷玉锁
金浆玉醴　金浆玉液　金精玉液　金科玉臬
金科玉条　金口玉音　金声玉服　金声玉润
金声玉色　金题玉躞　金相玉式　金相玉映
金相玉振　金镶玉裹　金友玉昆　金玉锦绣
金玉良缘　金玉其外　败絮其中　金玉其质
金玉之言　金章玉句　金昭玉粹　锦囊玉轴
锦衣玉食　荆山之玉　精金良玉　精金美玉

■ 人们常说："人似玉，玉如人。"人得道成仙，石头得道成玉，得道的过程复杂而又沧桑，漫长而又坎坷。玉用它的本身向世人昭示了什么是沧桑和永恒！走进玉的深处你就走进了人性的深处，所谓人分三六九等，事有千头万绪，在晶莹剔透的美玉折射中清晰可辨。

■ “金镶玉”本来是指一种特殊的金、玉加工工艺（即在金器上镶嵌各种玉石），有时也指用这种加工工艺制作而成的金、玉器物。其实，寻根溯源，“有眼不识金镶玉”这句俗语乃是由“有眼不识荆山玉”谐音讹传而来。

咳珠唾玉　铿金霏玉　铿金戛玉　昆山片玉
昆山之玉　琨玉秋霜　兰摧玉折　蓝田生玉
良金美玉　零珠碎玉　镂玉裁冰　乱琼碎玉
蟒袍玉带　美如冠玉　靡衣玉食　面如冠玉
鸣珂锵玉　鸣玉曳履　鸣玉曳组　磈硊混玉
璞玉浑金　琪花玉树　锵金铿玉　锵金鸣玉
敲冰戛玉　敲冰玉屑　敲金击玉　敲金戛玉
窃玉偷香　青蝇点玉　琼堆玉砌　琼林玉树
琼林玉质　琼枝玉叶　软香温玉　软玉温香
食玉炊桂　烁玉流金　隋珠和玉　碎琼乱玉
偷香窃玉　惜玉怜香　仙姿玉貌　象箸玉杯
谢庭兰玉　炫石为玉　噀玉喷珠　引玉之砖
玉尺量才　玉关人老　玉楼赴召　玉砌雕阑
玉汝于成　玉碎珠沉　玉质金相　芝兰玉树
朱干玉戚　珠沉玉碎　珠玉在侧　劚山觅玉
劚玉如泥　馔玉炊金

这远不是全部，倘若把诗词歌赋、诗文小说以及典籍中的“金玉之言”汇集起来，那便不止一本书的规模了。

金玉之深入人心，由此可见。

“玉”语纷纷

> ■ 玉取之于自然，琢磨于帝王宫苑的玉制品被看作是显示等级身份、地位的象征物，成为维系社会统治秩序所谓“礼制”的重要构成部分。同时，玉在丧葬方面的特殊作用也使玉具有了无比的神秘宗教意义。

《管子》说：“先王以珠玉为上币，黄金为中币，刀布为下币。”秦以前，国玺是以方寸金银制作的。“完璧归赵”中价值连城的和氏璧，后来为秦始皇所得，用以制皇印，成为秦至晋的传国宝；晋代以后，此宝失落了，但历代帝王仍用其他玉玺代替。古代封禅用的书文，刻在玉上，称之灾玉牒；外交使节用的信物，称为玉节。

古人贵玉，兼贵其声。所以古乐器有玉磬、玉笛、玉篁、玉箫。春秋时即开采的安徽灵璧玉，最早就是制作玉磬的。

明清以后，玉器的制作有了重大发展，使用范围贯穿在上层人物的衣食住行之中：衣帽冠发有各种佩件、饰物；食盏、玉杯等；住有玉嵌壁饰、桌案饰等；车马轿也有种种玉饰。至于玉瓶、花薰等桌几上的陈列品及玉如意、坠子等掌中玩物，更是名目繁多，不胜枚举。

■ 玉又是美丽、富贵、高尚、廉洁等一切精神美的象征。

玉质致密坚硬，滑润光莹，古人将玉的特性加以人格化，认为玉有“仁、义、智、勇、洁”五德，有“君子比德于玉”之说。玉又是美丽、富贵、高尚、廉洁等一切精神美的象征，因而文人常用以比喻许多事物，使许多人、物、事、景为之增辉生色。如谢枋得《蚕妇吟》：“不信楼头杨柳月，玉人歌舞未曾归”，称美女为玉人；牛峤《菩萨蛮》：“门外雪花飞，玉郎犹未归”，玉郎是女子对丈夫或情人的爱称。至于玉容、玉面、玉貌、玉手、玉体、玉肩等，都是古代文人用来赞美女性肌肤和姿色的。白居易《长恨歌》中“玉容寂寞泪阑干”、梁简文帝《乌栖曲》中“朱唇玉面灯前出”里的“玉容”“玉面”，则是指代“玉女”了。此外，形容人的风姿还有“亭亭玉立”“玉树临风”等。

玉和金一样，是富贵的象征。“金玉满堂”极言财富之多。金枝玉叶，是皇族后裔的专称。玉楼、玉堂，均指华丽的宫殿和住宅，有时又指道观。道教中的玉皇大帝、玉虚仙境、玉宇，也都离不开一个“玉”字。玉与仙又挂上了钩。皎洁的月亮中有一团黑影，古人不知其奥秘，臆想出“月中何有，玉兔捣药”的故事。此后，旧时文人便常用“玉兔”一词指代月亮，既文雅又有神秘之感。

■ 高古玉自古是古代社会上层统治阶层独享的器物，是权力阶层的象征物。玉的使用被古代统治者所垄断，成为权力的象征。上古时期古人视玉为可通神的灵物，认为玉是集天地之精华的祥瑞，更可以使人辟邪消灾。

玉，还是权力的象征。除了玉玺外，“金科玉律”用来指不可变更的法律。玉又是和平的象征，如“化干戈为玉帛”。助人成功也用“玉成”一词。由于玉色纯净，质地坚密，也常用它来比喻贞操、节义，如“守身如玉”“宁为玉碎，不为瓦全”。

玉，并被广泛用来描写大自然的景色。风花雪月中，除只闻声不见其形的风外，后三者都常用玉来吟咏赞颂。槐树花素洁，便有“玉树”之称。一些纯白素雅的花，常在其名之前冠以“玉”字，如玉兰花、玉茗（白山茶花）等。以“玉龙”比喻漫天大雪，也颇为壮观。古诗有：战罢玉龙三百万，败鳞残甲满天飞。毛泽东也曾言：飞起玉龙三百万，搅得周天寒彻。

漫说中国玉器

■ 古人将玉的特性加以人格化，认为玉有“仁、义、智、勇、洁”五德，有“君子比德于玉”之说。玉又是美丽、富贵、高尚、廉洁等一切精神美的象征。

大约8000年前，居住今天中国北方内蒙古东部的原始先民将一种淡绿或乳白色的石头进行抛光、打磨、钻孔，制成耳环和项链，这在当时也许已是一种时尚潮流。当时的人们还相信，这种美丽的石头有着神秘的力量，可以照亮人们死后的路途。

此后的漫长岁月里，这种石头被赋予了更多的意义。它的含蓄和这个古老国度的人们何其相似，以至于承载了中国文化最高品质和最高境界的理想，成为与上天对话的媒介，吉祥、权力、财富的象征。秦始皇的曾祖父秦昭王甚至愿意用15座城市来交换一块这样的石头。

它就是玉。

当它被雕琢成玉器出现在世人面前时，几乎所有人都为之目眩神迷。而在此之前，多少人的命运因为它而改变，多少故事又隐藏在它的背后……

黄金有价玉无价

所有珠宝中，玉与中国传统文化

关系最为密切。对于古代中国人来说，玉之所以无价，是因为它有生命，有灵性，通过它可以和上天对话，得到神灵的保佑。直到今天，你还能够从中国人佩戴玉饰作为护身符的偏好中看到这一点。用玉雕成的观音菩萨或佛像，穿在一根同样能够驱邪消灾的红绳上，挂在脖颈，从此人和玉便肌肤相亲。

■ 早在孔子生活的年代，文人就以佩玉来证明自己是一位理应受到信任和尊重的君子，佩玉在身，以规范自己的言行不要越规出格。

在中国人的心目中，玉是高贵、纯洁的象征，代表着人的高尚品格。玉的光润温暖常被用来形容君子的温良品德。早在孔子生活年代，文人就以佩玉来证明自己是一位理应受到信任和尊重的君子，佩玉在身，以规范自己的言行不要越规出格，不遇凶丧之事不能将佩解下来。从原始社会末期到清代，某些玉器一直是政治等级制度的重要标志器物。春秋战国就有“六瑞”的使用规定，6种不同地位的官员使用6种不同的玉器，天子用尺寸最大的玉器，按级别减小。

此外，在中国民间有“人养玉，玉养人”的说法。玉石自古即以入药，它对于疗疾和保健具有极好的作用。现代科学分析，许多玉石含有丰富的、对人体有益的微量元素，如果经常佩戴使用玉石饰品，能使这些有益的元素通过皮肤的浸润，进入人体，从而平衡阴阳气血的协调，促进身体健康。

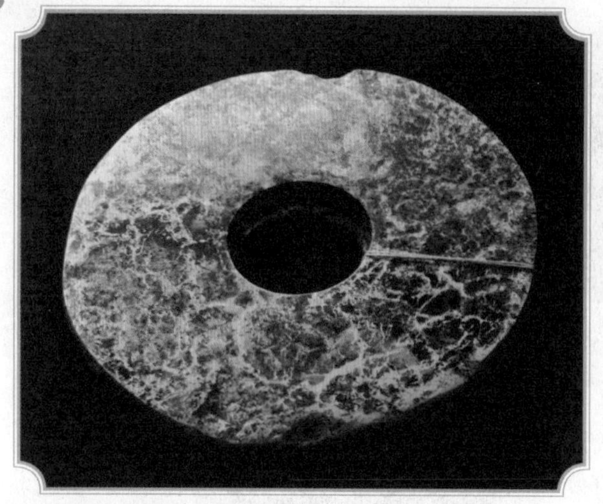

■ 它是中国历史上最有名也最具传奇色彩的一块玉，每次易主都伴随着血腥的厮杀。

在中国的语言中，与玉相关的字句大多包含了美好的愿望，赞美美丽、道德高尚的女性会说其“美人如玉”“冰清玉洁”等。亲友间送玉器挂件是件非常有意义的事，能把祝福体现在挂件内涵中，老人大寿晚辈会送福寿双全等玉器，送情侣或夫妻则选择连心锁等。

天下名玉和氏璧

中国历史上最有名也最具传奇色彩的一块玉就是“和氏璧”，每次易主都伴随着血腥的厮杀。

2680多年前，有一个叫卞和的人从山中觅得璞玉，两次献给国王，都被视为欺诳而先后砍去两脚。后来新国王即位，卞和抱璞痛哭在山脚下。他说：“我并不是被砍断双脚而悲伤，是因为明明是宝玉，硬说是废石，我明明是老实人，却被认为是骗子，我是被屈辱感到难受啊！”国王被感动，使人雕琢其璞，果得宝玉，这就是中国历史上最有名也最具传奇色彩的一块玉“和氏璧”。

过了300多年，“和氏璧”落入赵惠文王手中。秦始皇的曾祖父秦昭王闻讯，表示愿意用15座城市来交换它。当蔺相如将璧送到秦宫，秦昭王却食言践约，他机智地夺回璧，设法带归赵国。弱小的赵国终没有保住和氏璧，它还是为秦朝所获。秦始皇灭赵后，将它刻成玉玺，希望借助这块宝玉的神力护佑他的王朝千秋万世。这就是中国历史上第一枚象征至高无上的皇权的玉玺。

自此之后，各代帝王都看重这枚传国玺，认为只有得到此玺，才是真命天子。但是，这种稀世珍宝却突然消失，至今仍无踪影。以玉为玺的制度保留了下来，一直沿袭到中国最后一个王朝。

故宫藏玉

幽静的紫禁城荟萃天下的珍奇至宝，可以想象的是这些外型精美的玉器在往昔岁月里曾给皇室带来了数不清的欢歌笑语。

乾隆年间，是紫禁城宫廷玉器最繁荣昌盛的时期。乾隆皇帝被后人称为玉痴。现在故宫博物院的三万件玉器，多数为他所藏。乾隆为他的儿子、后来皇帝起名就用了美玉的名字。当时，每年至少会有四千斤左右的玉石从万里之外的新疆和田送到京城，多时还能达到一万多斤。充足的玉料使宫廷开始大规模地生产玉器。上之所好，下必流行，藏玉赏玉在宫廷内外成为时尚。但是，这位自诩玉器专家的皇帝也有看走眼的时候，他就曾经将古代用来祭祀的玉礼器当作实用的笔筒和花瓶。

清末慈禧太后最喜爱的是来自云南、缅甸的翡翠玉。慈禧的爱好影响了当时民间对翡翠的使用，佩戴翡翠的风尚也一直流行到今天。生前如此死后也不例外，慈禧陪葬的翡翠精妙绝伦，空前绝后。

■ 故宫博物院收藏古代玉器约三万件，主要源于清宫遗存。这些玉器品种齐全，工艺精湛。所藏玉器中，有当代考古发掘的精品及传世古玉中的珍品，包括了新石器时代至元代各历史时期的典型作品。此外，还有一些清代宫廷用玉及各级官吏进贡的玉器珍玩。

在她尸体脚下有翡翠西瓜两个，皮是翠绿色的，瓜瓣是红色的，其中还有几粒黑色的瓜子，一切都天然巧色，据说当时的估值在500万两白银。

故宫各个宫殿陈设的艺术品中，玉器占到百分之八十以上，它们既是生活用品，也是最主要的装饰品。其中来自新疆的和田玉又占了多数。故宫博物院现藏玉共计30311件。藏品中清代作品2万多件，明代作品5000多件，明以前作品4000多件。这些珍品覆盖了自新石器时代起至清代末期约7000年的历史。目前都得到了妥善系统的保管和研究。

■ 和田美玉之所以珍贵，很重要的一个原因就是开采难。古人曾经说过：取玉之险，越三江五湖至昆仑山，千人去而百人返。

玉石之路

古人曾经说过：取玉之险，越三江五湖至昆仑山，千人去而百人返。的确，在平均海拔4500米的雪线之上，高寒缺氧，每到找玉的夏秋时节，也是山洪暴发和泥石流频繁多发的危险季节，这时的昼夜温差在摄氏50度左右。为了找到一块玉石，采玉人不仅要付出艰辛的劳动，甚至还时刻面临生命的危险。而即使采到玉石，要运到目的地还要花费很大的精力。

采玉人的脚下没有现成的路。在漫长的历史长河中，是他们用自己的生命和智慧，踩出了这条“玉石之路”。这一条玉石之路堪称我国和世界上最早一条沟通中西政治、文化和商贸的运输线。

拣玉和捞玉是古代采玉的主要方法。每年春夏之际，昆仑山山洪暴发，把玉石矿石从山上冲刷下来。几千年的拣捞，和田河已很难采到上好的籽玉了，才开始凿山开矿，攻山采玉。古代对玉的宗教化，使采玉蒙上了神秘的色彩。“阴人招玉”，是古代当地人之说。于是，命妇女下河捞玉，以提高命中率。实际上，古人采玉主要靠经验。

■ 古代先民们从昆仑北坡的和田一带向东西两翼延伸，把和田玉运送到遥远的地方。于是，由近到远，不断向东方和西方延长伸展，终于开拓出了一条最早的和田玉运输线——“玉石之路”。

当玉石从地壳里被挖出来，并不是最激动人心的，而是在它辗转若干主人之后，被下决心切割开的那一刻。因为此前，它们的真正价值完全是猜想的。“种、空、底、水”是玉石的评价标准，这种评价标准更像是一种只能意会的比喻。种，是指硬度；空，指净洁；底，指透度；水，包含着晶莹滋润的感觉。古话说，黄金有价玉无价，似乎只有中国人才能理解这种模糊的不确定的美学观。

漫谈玉器文化

■ 我国制玉历史悠久，用途广泛，形式繁多，质地莹润，碾琢精湛，风格独特，具有鲜明的民族特点，在世界玉器工艺领域中独树一帜，充分表现出中国古代劳动人民的聪明智慧和创造才能，这是黄玉马。

玉是一种质地细密、色泽淡雅、温润光洁的“美石”，以玉制成的物品称为玉器。以玉器的各种形式、蕴涵、观赏、寓意和审美所形成的独特文化及文化现象，称为玉文化。

我国是世界三大玉作中心之一。在旧石器时代末期，随着人类审美意识在符合层面上的凝聚，史前艺术已开始沉积、建构和萌生。原始艺术品的出现，是人类在当时文化教育中所创造、使用的物质媒介，是原始先民所“同化”自然、改造自然的文化功能。

在原始人类看来，自然万物本身都蕴藏着自身固有的生命本源或生命潜能。作为生命本源的“力”，弥漫于各种物质本身，这种“力”通过接触、感应等形式，能够达到主体（人）与对象物“力”的互渗和传感。于是，在原始

宗教的驱驶下，他们营造出一种充满“灵”与“力”的神秘氛围。在这种氛围中，除纹身和服饰外，原始先民们还创造了佩戴的方式，取得与互渗对象的沟通。最早的佩戴物大多为实物，诸如动物的骨骼、牙、皮、羽毛等，他们认为佩戴此物，便可具有该种动物的灵性与力。

■ 红山文化是距今五六千年间一个在燕山以北、大凌河与西辽河上游流域活动的部落集团创造的农业文化。因最早发现于内蒙古自治区赤峰市郊的红山后遗址而得名。

到新石器时代，由佩戴实物发展到佩戴实物的替代品，于是便产生了原始的雕塑。在雕塑实践中，先民们逐渐认识了石中的精品——玉，并赋予其集天地之精华的神奇功能，致使新石器时代玉的雕琢和制作达到了相当高的水平。从辽宁阜新胡头沟红山文化遗址发现的龟形玉饰、凌源牛河梁红山文化出土的玉猪龙，到陕西神木石峁龙山文遗址中发现的玉蝉等考古资料来看，原始先民们已能熟练地运用切、割、凿、挖、钻、磨、抛光等工艺技术。到新石器时代晚期，在原始巫术失去文化环境之后，这些佩饰便演化为一般避邪攘灾的护符瑞玉，并出现了组合玉饰。

到了商代，玉器制作工艺已具有了一定的成熟性，经两周到两汉，我国的玉器已举世独步，尤其是汉代已细致地区分出了佩玉、祭玉、用器玉、玩赏玉

■ 麒麟，亦作“骐麟”，是中国古代传说中的一种动物，与凤、龟、龙共称为“四灵”，并居四灵之首位。《礼记·礼运》有“出土器车，河出马图，凤凰麒麟，皆在郊棷”。在中国众多的民间传说中，关于麒麟的故事虽然并不是很多，但其在民众生活中却实实在在地无处不体现出它特有的珍贵和灵异。

等不同的类别。

由于殷人尚玉，商代玉器汇聚西部之玉材和东部琢玉的技术而蔚为大观。在殷墟妇好墓中随葬玉器多达755件，可见商代贵族尚玉之风之一斑。西周初继承了商代之遗风，仍以动物类玉饰为主流，中期以后形成了自己的特征。周代玉器做工精良，造型优美，线条流畅，品类齐全，较商代玉器有了长足的进步。商朝时期，随着奴隶主专制国家的形成和民族宗教的兴起，玉器的地位亦越来越高，制作工艺也越来越精致，社会对玉材的要求也越来越严格。

到春秋战国时期，由于诸侯蜂起，经济繁荣，各区域新兴文化异彩纷呈。随着各区域文化的交汇和融糅，玉器制作和工艺走向成熟和趋同，玉的品类大量增多，玉文化也出现了繁荣昌盛的新局面。因此，对玉的需求也越来越高，甚至只有质地坚韧、光泽莹润、色彩绚丽，且组织细密而透明，声色舒扬而致远的美石，才被认为是玉。如产于新疆和田的角闪石，因为白如羊脂，光泽温润，被奉为上乘玉材而价值连城。在古代巫师们的作用下，玉被赋予了驱邪攘灾的功能，于是玉刻龙凤，可永保平安；玉雕神兽，可镇邪除灾，成了制玉的主流。

由于玉的美是一种天赋的自然之美，是由内向外慢慢透射的蕴藏深厚、柔和含蓄、魅力无穷的美，因此，玉能产生一种特殊的审美理念，其外表温和柔软，本质却坚刚无限。到春秋战国时期，在诸子先哲们的作用下，玉又被赋予了吸纳日月山川之精华，凝聚人间之美质的特征，成为品藻人物的道德标准。贵族士卿受“观物比德”思维方式的影响，宣扬“君子如玉”，“君子比德于玉”的道德观念，把玉的色泽、质地、形状等比附为人的德、仁、智、义等品德。于是，玉具五德、九德、十一德等学说应运而生，乃至“君子无故，玉不去身”，玉佩饰成了显示贵族身份的标记，玉玺成了国家和王权的象征，甚至一块美玉竟要用15座城池去换取。

■ 红山文化是与中原仰韶文化同时期分布在西辽河流域的发达文明，在发展中同中原仰韶文化相交汇产生的多元文化，是富有生机和创造力的优秀文化，内涵十分丰富，手工业达到了很高的阶段，形成了极具特色的陶器装饰艺术和高度发展的制玉工艺。

先秦典籍中对玉的使用也有严格的制度，《礼记·玉藻》载：“古之君子必佩玉，右徵角，左宫月。……故君子在车则闻鸾和之声，行则鸣佩玉。……居则设佩，朝则结佩……凡带必佩玉，……佩玉有冲牙。君子无故，玉不去身，君子于玉比德焉。”

■ 此璧为青玉质地，褐色沁斑遍布于身。出廓部分透雕双凤，背向而立，尾羽轻盈舒展。璧身谷纹行距规整，谷粒饱满。内侧透雕一龙，挺胸扬尾，张口怒吼。器型独特，工艺出众，让观者啧啧称奇。

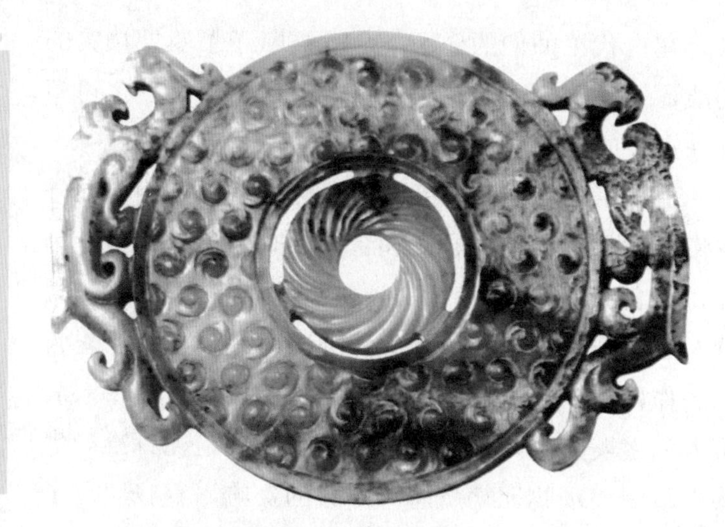

《诗经·国风》之《卫风·木瓜》亦云：“投我以木瓜，报之以琼琚。……投我以木桃，报之以琼瑶。……投我以木李，报之以琼玖……”这里的琼琚、琼瑶、琼玖，均为佩玉。《秦风·终南》：“君子至此，黻衣绣裳，佩玉将将，寿考不忘。”

《秦风·渭阳》：“我送舅氏，悠悠我思，何以赠之，琼瑰玉佩。”等等，说明士庶用玉之普遍，也说明先秦时期的玉，不仅寓意人的道德品行，表述一种精神境界，而且是从君王到士庶赏赐和结好的贵重礼品。特别是这一时期的知识阶层，还将自己对理想道德最高境界的追求，比附于玉之精美坚洁；将高尚人格的砥砺磨炼，寓之于美玉的琢磨精雕。因此，玉又是君子规范道德、约束行为的标志。

古人辨玉，首先看重的是玉所寓意的美德，然后才是美玉本身所具有的天然色泽和纹理。这种寓意使得玉由单纯的饰佩变为实用、审美与修养三位一体的伦理人格风范的标志。因此，郭宝钧先生在《古玉新诠》中认为我国的玉器是“抽绎玉之属性，赋以哲学思想而道德化；排列玉之形制，赋以阴阳而宗教化；比较玉之尺度，赋以爵位等级而政治化”。

总之，先秦时期的玉崇拜和玉文化是我国传统文化的重要组成部分，此时玉器的绚丽纹样中，流动着华夏先民们的复杂心理和追求艺术的足迹。无论是源于护符的玉佩饰、源于用具的玉礼器，还是源于原始宗教的玉祭器，都从不同层面积淀着七八千年前氏族文明沃土中养育出的传统文化的神秘性和象征性艺术之源本。它以人为本，融自然、神秘情感于一体，开启了伟大秦汉艺术的新高潮。我国玉器制作历史悠久，尊崇时间之长久，昂贵价值之持续，文化内涵之丰富，亦可谓举世罕有匹配。

■ 玉璜是一种礼仪性的挂饰。商代起玉璜成为人们流行的佩带物，原来的玉璜无法显示出佩带者美化自己的意愿，又不能区别佩带者的地位、身份。因此，商代起的玉璜在饰纹和式样上出现多样化，以满足各层次爱玉者需要，人形璜、鸟形璜、鱼形璜、兽形璜等，就是商代玉雕艺人所创新品种。

崇玉简史

■ 原始时代的人们把某种动物、植物或无生物当作自己的亲属、祖先或保护神，相信它们不仅不会伤害自己，而且还能保护自己，并且能获得它们的超人的力量、勇气和技能。人们以尊敬的态度对待它们，一般情况下不得伤害。氏族、家族等社会组织以图腾命名，并以图腾作为标志。

玉在我国的历史可谓源远流长。早在近万年前的旧石器时代晚期，中国人的先祖就发现并开始使用玉石了。一般认为是上古时的人们在制作、使用石制工具时发现了玉这种矿物。因它比一般石头更为坚硬，所以就用它来加工其他的石制品。同时，它有着与众不同的色泽和光彩，晶莹通透，惹人喜爱，于是慢慢的人们就用它来做装饰品。又由于玉的数量不是很多而且加工困难，因此，就只有族群里少数头面人物如族长、祭师才有资格佩带并使用它，这使它渐渐演变成礼器、祭器或图腾。正是在这种长期缓慢的进化过程中，玉由原先的仅仅是一种特别性质的石头转化为代表权力、地位、财富、神权和尊贵的象征。

距今7000至4000年间的新石器时代晚期，掌祭祀大权者，多用珍贵的美玉制作“祭器”，礼拜神祇祖先。他们相

信天圆地方，便琢制圆璧与方琮，来礼拜天神与地祇；他们相信氏族远祖的生命，是经由神物源自上帝，便在玉器上雕饰想象中神祇祖先的形貌，甚至刻绘极具深义的符号，以礼拜之。希望藉玉器特有的质地、造形、花纹与符号，产生感应的法力，与神祇祖先交通，汲取他们的智慧，获得福庇。

■ 西周时期，大型墓有在棺椁的帷幕上悬挂玉鱼的葬习，多的可达数十件。佩鱼之风始于商代，玉雕中有片状鱼，多为平直状，有些口部带孔，尾端有长榫，似刻刀，可能是随身携带的工具。周代玉鱼多呈弯形，少数玉鱼还雕刻鱼鳞，形象更为生动。

在上古社会里，个人地位的高下，视人与神祇祖先关系的亲疏而定。事神之“礼”，建立了人神之间的沟通管道，也维系了人际间的和谐关系。“瑞器”就是象征身份地位的玉器。“祭器”与“瑞器”的制度，都源起于新石器时代晚期，夏、商、周三代，配合不同的政治体制与社会结构，继续发展之。在宗庙祭典与朝享会盟上，发挥其形而上的功能，以维系礼制，故总称为“礼器”。

曾经在距今七八千年前，新石器时代中晚期的内蒙古敖汉旗兴隆洼遗址、辽宁阜新查海遗址、沈阳新乐遗址和浙江河姆渡遗址，出土了中国最早的真正玉器。而玉的文化、宗教和政治属性，夏、商、周三代已经渐次完善。

东周时，人文主义兴起，儒家将一些传承自原始宗教的文化成分道德化、生活化，提倡“君子比德于玉”的观念。于是佩玉之风大盛，而雕琢之精美，後世亦难出其右。

■ 明清时期玉瓶。明清玉器千姿百态，造型各异。清代玉工善于借鉴绘画、雕刻、工艺美术的成就，集阴线、阳线、镂空、俏色等多种传统做工及历代的艺术风格之大成，又吸收了外来艺术影响并加以糅合变通，创造并发展了工艺性、装饰性极强的治玉工艺，有着鲜明的时代特点和较高的艺术造诣。

汉室崇玉，生者佩玉、食玉；亡者裹玉、填玉，甚至在帛画、墓砖上，都饰以玉璧图像。圆璧有助于灵魂通天的观念，此时发挥至极。

六朝至唐，中土玉雕艺术转衰。虽然李唐盛世，仍秉承道统，举行封禅大典，然而礼神之册都难用真玉，而以次玉代之。传世玉器，仅见带銙、梳、簪、佩等。部分亦系西域工匠所制。

宋、明以降，玉雕艺术再度兴盛，帝王祭典用玉之外，更因学者对商、周礼制的考订，民间遂兴起了研究与仿制古玉的热潮。此时，以知识相结合的士大夫阶层，重视生活品位。玉制文房陈设，除供欣赏把玩外，兼具实用功能。自然界的花鸟、人物、山水等，也成为装饰主题，呈现柔美雅致的文人品位。由于所取玉料，多为河中玉子，玉工常是因材施艺。所琢成品，常是图必有意，意必祥和。

孔子说，玉有仁、智、义、礼等十一德；《礼记》所言“君子无故，玉不去身”，都是强调有社会地位和身份的人要向玉学习，警示他们没有特殊原因，要

玉不离身。中华民族这种崇玉、敬玉、爱玉的情操，明清时期比汉唐时期有过之而不及。玉的雅丽和圣洁，征服了一代又一代中国人。而尊玉、爱玉、佩玉、赏玉、玩玉、藏玉，就是目前社会玩玉爱好者的真实写照。

■ 史前时期，石斧曾被作为一种实用的杀人武器，后以玉制成，便演化为氏族酋长或部落联盟首领执掌的王权象征物。新石器时代的玉器主要以有孔玉及平面玉器为多。

由夏、商、周三代经秦汉至隋唐，玉器一直是皇公贵族的专有装饰用品。两宋时经济发达，商业繁荣，由于手工业技术进步，玉器加工变得更方便快捷，玩玉赏玉之风大盛。此时出现大量制作精巧、加工细腻、构思奇妙的玉摆饰、玉佩件。

明清时玉器制作及玩赏达到顶峰，品种也更为丰富多彩，小到玉头簪，玉钮扣，大到整片的玉屏风、玉山、玉船。王公贵族家还常用玉石来制作日用具，如玉碗、玉杯、玉壶、玉瓶等。一般来说，玉质以白玉（特别是新疆产的羊脂白玉）为上，黄玉次之，青玉再次，杂玉（如南方玉、河南玉）为下。

清初时翡翠传入中原，其动人心魄的碧绿马上赢得了国人的心。用翡翠制成的玉饰件大行其道，成为时人竞相追逐的时尚。但在传统的中国人眼里，翡翠制成的玉饰却远远比不上古玉。

以矿物学分类，玉可以分为两种，一种是链状硅酸盐中的角闪石组，包括透闪石和阳起石，也称软玉。还有一种是单链状硅酸盐碱性单斜辉石，又叫硬玉（如翡翠）。中国传统的古玉大多是软玉，包括新

疆玉、岫玉等，只是在清代初年吴三桂追击南明永历皇帝进入并控制了云南及缅甸北部盛产翡翠的矿区之后，硬玉才正式进入中国并流行起来。

我们现今看到史前早期的古玉大多是玉工具，如玉刀、玉斧、玉针等。然后就出现玉礼器（祭器）如良渚文化的玉琮、三叉型器，也有部分象形的玉器如红山文化的玉龙、玉猪等，应是作为族群的图腾而制作的。此一时期的玉器并不完全是由现代意义所指的玉石所制作的，它可以是玉，也可以仅仅是漂亮一点的石头，如与变质大理石矿共生的透闪石原矿。及至新石器时代晚期到青铜时代，在中国主流文化区域内已再难见到玉工具了，代之而来出现的是大量的玉冥器、玉配饰，如商代妇好墓出土的玉龙、玉凤、玉鹤等。此时已广泛采用软玉来制作器物了。

■ 玉为人所爱，人为玉所养，翡翠富含了多种微量元素，贴身戴之，长久亲近，对人体有特殊的医疗保健作用，正身避邪，一生平安，翡翠凝聚了中华民族的特殊情怀和特殊的文化底蕴。

在一般人看来玉就是石头，可在中国人眼里的玉是与众不同的，它已经超越了单纯分类学的范畴而成为中华民族族群的精神寄托。直到今天，如果我们拿起一件翡翠，我们只会去评价它的颜色，它的质地，它的制作。可当我们看见一件古玉，在欣赏它的造型、它的沁色、它的质料的时候，心中油然而升的却会是一种强烈的民族自豪感。究其原由，就是因为古玉里蕴涵着中华5000年文明的沉淀以及炎黄子孙的民族精神。

君子无故 玉不却身

——中华民族与玉

■ “如意”是从印度梵语“阿娜律”译来的，部分用作佛具，柄端作“心”形，用竹、骨、铜、玉制作。据史料记载，最早的如意，柄端作手指之形，以示手所不能至，搔之可如意，故称如意，俗叫“不求人”。

玉与中华民族的关联具有唯一性，不可替代。玉文化最早在中华民族的大地上形成，又为中华民族独有，而且从未间断。如果评选什么宝物“最中国”，玉是当之无愧的首选。

乾隆五十八年（公元1793年）八月初十日，乾隆皇帝接见了英国特使马嘎尔尼，送给他一柄碧玉如意，另请他代转一柄白玉如意给英国国王。当晚，马嘎尔尼在日记中记录道：“（收到的玉如意）像玛瑙的石头，长约一尺半，有奇怪的雕刻，中国人视为珍

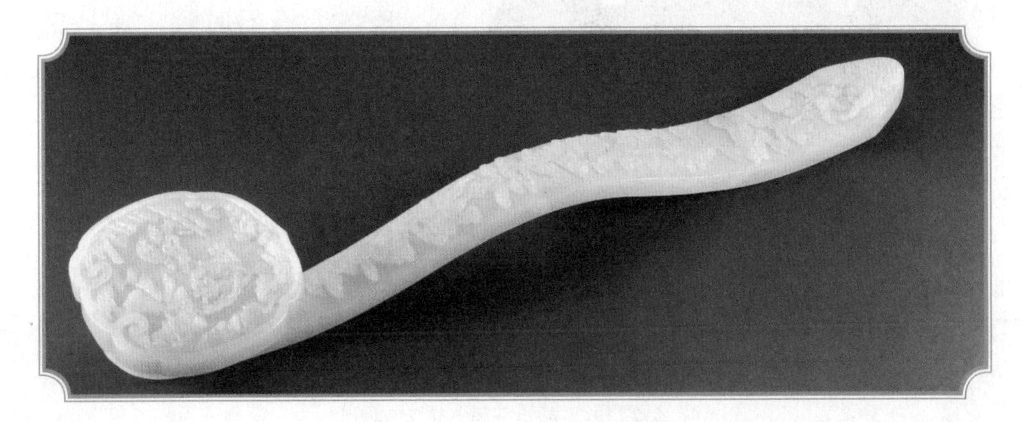

宝，但物件本身看来并无多大价值。”

在马嘎尔尼写下这段话之时，中国玉文化已绵延八千多年，进入了最鼎盛阶段。两百多年后，翡翠的炒家遍布东南亚和欧美，国际上制造“玉石天价”的拍卖公司大都来自欧洲。而马嘎尔尼身处的那个时代，欧洲人还不知道什么是玉，更遑论玉如意连城的价值，简直辜负了乾隆皇帝的一番美意。

■ 玉是中国传统文化的一个重要组成部分，以玉为中心载体的玉文化，不仅深深影响了古代中国人的思想观念，而且成为中国文化不可缺少的一部分。如果把玉文化无法想象的长寿生命比作一个人，它也有自己的“童年”“少年”“青年”和“壮年”。

中华民族的玉文化有八千多岁

中华民族的玉文化，经内蒙古兴隆洼出土的实物论证已有八千多岁，换人来看，这个岁数是不可想象的。如果把玉文化无法想象的长寿生命比作一个人，它也有自己的“童年”“少年”“青年”“壮年”甚至“老年”。

玉文化的“童年”在新石器时代。就像一个必成大器的人往往有着漫长的成长期一样，玉的“童年”绵延了约4000年。那时，阶级还没有形成，玉的功能主要是审美，就像小朋友一样，最感兴趣的事物是让他们觉得愉悦的事物。

度过新石器时代，便是夏商周。阶级形成了，玉文化也进入了“少年”时期。玉开始成为兵器、礼器，有了陪葬功能。这个阶段大约有两千年。虽然和“成年”后具有的丰富内涵相比，玉这时仍然稚嫩，但“早熟”的特征明显，因为玉的制作水准已经相当高超了。

玉文化的“青年”时期应该在汉唐，玉内涵的完全系统化就在这个时期，像一个青年，世界观、人生观初步定型。这个过程有一千多年，看来它的“成熟”期是越来越快了。

汉唐以后，玉文化走下神坛，进入“壮年”时期。我们的祖先在宋元明清形成的对玉的感受，到今天还在我们血液里发挥作用。

玉文化起源于新石器时代

让我们想象一幅这样的画面：距今一万年前，我们早慧的祖先已领先其他民族，率先进入了新石器时代，他们开始将石头作为工具狩猎，砍、劈、削食物和器物，他们已经开始耕种，不再经常地饥饱不定。然而，尽管有兽皮裹身，有熟食充饥，有茅屋庇护，他们却依然有着强烈的不安全感。大自然的雷鸣闪电、山崩石裂、野兽侵袭、毒虫出没，都让他们感到害怕，他们对这些缺乏理解。

■ 我国的新石器时代是原始社会氏族公社制由全盛到衰落的一个历史阶段。它以农耕和畜牧的出现为划时代的标志，表明由依赖自然的采集渔猎经济跃进到改造自然生产经济。磨制石器、制陶和纺织的出现，也是这一时代的基本特征。

有一天，突然又电闪雷鸣、大雨倾盆，村子里的人都说上天发怒了，要惩罚他们。所有人都惴惴不安地等待灭顶之灾的时候，有一个人手里紧紧握着他最喜爱的一件石器。这个石器颜色、质地都与众不同，经他无数次的打磨，变得圆润光滑。这个人发现，他握着的石器给他带来了莫大的安慰，他不再害怕。过了一阵儿，暴雨停了，村里又恢复了宁静，这个人告

■ 琮是中国古代用于祭祀的玉质筒状物，最早发现于安徽潜山薛家岗第三期文化，距今约5100年。其中江浙一带的良渚文化，广东的石峡文化，山西的陶寺文化中也大量出土，尤以良渚文化的玉琮最发达，并且出土与传世的数量很多。

诉别人那块石头对他的安抚，觉得它有让神息怒的能力。以后，村里人都开始这样做，当感受到危险的时候，手里握住自己最喜爱的石器。

距今8000年前，我们的祖先已经给握在手中的这块石头上加入了诸多个人信息。他们可能炫耀自己的石头有多美，于是把自己的审美观也加进去，让它成为圆环，让边沿相当整饬，石头更加细润，有透光感。这时的标准是“美石为玉”，大多数玉介于今天的玉和石之间，但也有相当资格的，质地接近今日玉之观念的玉。

世界范围内，首先发现玉石通灵的，只有中华民族的祖先。一些深藏在我们基因里的信息，让今天的中国人见到玉，仍有本能的喜欢。

新石器时代的玉文化，北方以红山文化为代表，南方以良渚文化为代表。红山文化在内蒙古赤峰，以鸟兽造型为主，最多的是鹰、龙和猪；良渚文化在浙江余杭良渚镇，礼器造型非常多，首推琮和璧。

从孔子到乾隆帝：谦谦君子，比德于玉

《论语》中有一个这样的故事。子贡曰：“有美玉于斯，韫椟而藏诸？求善贾尔沽诸？”子曰：“沽之哉，沽之哉！我待贾者也。”子贡拿不定主意，一块美玉应该放在盒子里好好收藏，还是应该把它卖了。孔子说，你把它卖了吧，我等着买主呢。孔子是

历史上第一个为玉创建学说的人，他把君子比作美玉，认为玉有德。

■ 明代玉佩饰多悬挂于人身上或挂于其他器物作为坠饰，既有大量的动物形佩坠，如羊形坠、鹿形坠、鸳鸯坠、鱼形坠，还有各式各样的玉牌饰。这些玉牌有的为方形，有的为圆形或花形，大多体积较小，也可用于嵌饰，图案多取浮雕技法，抛光不精。

宋代以前，玉都是皇室贵族才能拥有的物品。《唐实录》记载唐高祖李渊“始定腰带之制，自天子以致诸侯，王、公、卿、相，三品以上许用玉带”。名将李靖战功卓著，李渊奖励他一条白玉带，应该算最高等级的奖赏。

明代沈德福的《万历野获篇》记载，明代官员上朝，就都要佩戴玉佩了。想来皇帝开会，会场一片环佩叮当，非常富有乐感。嘉靖初年，一次皇帝临朝，尚宝卿谢敏为皇上端来玉玺。没想到凑近皇上的时候，他的玉佩与皇上的玉佩缠到一起了，多亏中官帮忙才解开。这是件非常不礼貌的事情，而且相当危险，可能给谢敏带来杀身之祸。然而皇帝赦免了谢敏，只是命令今后上朝，百官都用香囊把玉佩包起来。从那以后，百官上朝就不再有好听的玉佩之声。

清代，乾隆皇帝对玉的喜爱是出了名的。他所作咏玉的诗篇就有八百多篇，而且给自己每一个儿子取名，都用美玉之名。乾隆爱玉，掀起了“全民爱玉”的浪潮，这时宫廷与民间的制玉水准均达到了历史上前所未有的一个高峰。

玉不去身，以此明志

每个民族都有自己的“人格

理想”。几千年来，中华民族占主流地位的人格理想是“君子”。今天被称为圣人的孔子，当年的个人理想是成为一名“君子”。由于儒家文化对中国社会的绝对影响，“君子”遂成为全民族的追求，也是人格评价标准之一。

■ 我们的祖先们也喜欢用玉来形容人的人格和品质，他们将玉人格化，称其具有仁、义、智、勇、洁等五德，认为君子德比于玉。也有认为是古玉通灵，可以替人免灾。实则身佩古玉，一举手一投足皆小心仔细，自然吉祥。

孔子对“君子”作了最具内涵的论述，而且一锤定音。君子的处事之道是：“君子坦荡荡，小人长戚戚。”（《论语·述而》）君子胸怀坦荡，小人总是患得患失。君子之道是仁义、智慧、勇猛，“君子道者三，我无能焉：仁者不忧，知者不惑，勇者不惧。”（《论语·宪问》）君子做事，以义为准则，只问此事当做不当做；小人做事，则以利为准则，总是计较做此事对自己有多大的好处，“君子喻于义，小人喻于利。”（《论语·里仁》）

在人际关系上，“君子周而不比，小人比而不周。”（《论语·为政》）君子能够坚持原则，而小人则结党营私。“君子成人之美，不成人之恶，小人反是。”（《论语·颜渊》）君子总是善于帮助他人，看到他人成功，君子总是感到高兴；小人则嫉贤妒能，唯恐他人超过自己。“君子求诸己，小人求诸人。”（《论语·卫灵公》）君子做事，依靠自己的能力，如果不成功，也总是从自己身上找原因；小人做事，总是依赖他人，如果不成功，也总是把责任推到他人身上。

如前所述，若是把中华民族也比作一个生活了几千年的人，这个人对成为“君子”的追求从来没有间断过。孔子把玉比作君子，所以中国人对玉不离不弃，以此明志。

今人对玉的追捧，往往脱离内涵而单纯地追求其商业价值，颇为令人遗憾。当我们在为中华民族数千年独特的玉文化骄傲之时，千万不要忘记玉的存在，是为了提醒我们：成为具有玉般品格的君子。

■ 古代统治阶级都有佩玉，佩有全佩（大佩，也称杂佩）、组佩，及礼制以外的装饰性玉佩。全佩由珩、璜、琚、瑀、冲牙等组合。冲牙为双首龙形，佩末端悬龙形双璜，此佩可挂颈部垂于胸前。

玉，古蜀王国的礼器圣物

■ 玉环，本为古玉器的一种，为一种圆形而中间有孔的玉器，形状与镯类似，其孔径大于边缘，也有与边缘相等的。与此器近似的还有玉璧、玉瑗。新石器时代玉环的基本造型为扁平的圆环状，多用白玉、黄玉制作。

数千年前的一天，一场盛大的祭祀活动正在古蜀王国庄严举行。精美的玉器先是被焚烧以祭天——这种仪式被称作“蟠燎”；然后，经过焚烧的玉器被抛入祭祀坑埋在地下以祭地——这种仪式被称作“瘗地”。祭了天、地，还有悬庋祭山、沉玉祭水，还有礼东、南、西、北四方，以求神灵、祖先和天地万物的保佑。古蜀王国的一次次祭祀，为我们留下了大量的玉器，让几千年后的我们徜徉在博物馆里，良久注视那些精美丰富的玉器时，总是不由自主地被惊讶和赞叹控制。

从现有的考古发现来看，玉器在中国的使用历史可以上溯到8000年前。对玉的钟爱，也几乎贯穿现已发现的所有中华早期文明形态中。在古代社会，玉既是权力、地位、财富的象征，又是世人与神灵和祖先沟通的法物，因此在一切重大活动如祭祀、盟誓、朝聘、婚嫁中，玉的使用都必不可少。《周礼·春官·大宗伯》就有言：“以玉作六器，以礼天地四方。以苍璧礼天，以黄琮礼地，以青圭礼东方，以赤璋礼南方，以白琥礼西方，以玄璜礼北方。”我国现已发现的众多祭祀遗址中均有大量的玉器，恰也证明玉作为一种重要的礼器，在祭祀活动中常常会被大量使用。

■ 玉牙璋是一种有刃的器物，器身上端有刃，下端呈长方形，底部两侧有突出的鉏牙。牙璋是一种礼器。据考古专家推测，它可能起源于黄河中下游一带。玉牙璋现保存于三星堆博物馆。

三星堆遗址共出土有璋、琮、璧、环、戈、矛、剑、刀、斧、凿、锛、斤、珠、管、瑗、舌形器等玉器上千件。其中最大宗的，是玉璋。在现已发掘的祭祀坑遗址中，一号坑出土玉璋40件，绝大多数被火烧后残断；二号坑出土17件，全部被火烧过，多数残断。可见它们都是作为祭祀礼器而被埋入地下的。

三星堆出土的玉璋大致可分为三类：一类是边璋，斜边平口，略呈平行四边形；一类是牙璋，呈长条状，柄部有锯齿状扉棱，端部分芽开叉，牙璋在陕西神木石峁龙山文化、偃师二里头文化遗址中均有发现，但就数量和制作之精美而言，二者均不及三星堆；另外一类是鱼形璋，鱼形璋目前仅见于三星堆遗址和金沙遗址，因此也被认为是古蜀特有的器形。不过，也有学者认为鱼形璋是牙璋在古蜀的一种变体，其似鱼的形状，可能与古蜀的鱼凫王有关。

在三星堆众多的玉璋中，最具代表性的极品文物，当属一件通长54.2厘米、宽8.8厘米、刻有精美

纹样的玉边璋了。三星堆文化的礼仪祭祀制度甚为完备，在其早期遗存的玉器中，就已有玉璧、玉环、玉圭等小型玉石礼仪用器出现，而随着王国的强大，祭祀活动显然也更为盛大。众多形制更大的玉器开始被用于祭祀活动中，既显示出祭祀者更大的虔诚，也显示出国力的强盛。出土于二号祭祀坑的这件大型玉璋，反映的正是当时王国的兴盛。这件被火烧后的边璋射端呈鸡骨白色，即便是深埋地下几千年后重见天日，它的精美也依旧咄咄逼人。边璋的两面刻有相同的纹饰，图案分上下两幅，正反相对呈对称布局，内容则是由山、跪坐的人像等组成的“山陵之祭”的隆重祭祀场面。同样体现出精美的制作工艺，并透散出浓郁的古蜀风韵的，则是那件鱼、鸟合体的鱼形璋。这件出土于一号祭祀坑的鱼形璋通长38.2厘米、宽5.3厘米，形制上虽然比前述边璋小，但它给人留下的想象空间，却无疑是更为宽广和悠远的。“蚕从及鱼凫，开国何茫然”，凝视这件鱼形璋，李白那雄浑的诗句仿佛回响耳畔，几千年前的神秘时光，也仿佛浮现在了眼前——有时候，历史也会将它庞大的身影，浓缩在一件小小的器物上。

■ 玉器种类繁多，且十分精美，其中最大的一件是玉琮，颜色为翡翠绿，雕工极其精细，表面有细若发丝的微刻花纹和一人形图案，堪称国宝，其造型风格与良渚文化的有关器物完全一致。

而金沙遗址出土的玉器，则几乎包括了商周时期所有的玉器种类，如琮、璧、璋、圭、环、戈、矛、剑、钺、戚、斧、凿、锛、贝形配饰、镯、绿松石珠、管、片等。此外，金沙还出土了不少在全国尚属首次发现的特殊玉器，如玉剑鞘、玉眼睛、玉神人面像等。金沙遗址出土的玉器，表面色泽艳丽，细腻柔美，呈现出红、紫、褐、黑、白等多种颜色，富有层次变化，与其他地区发现的玉器有着较大的区别。就形制而言，金沙玉器大小并存：目前金沙出土的玉琮、玉璧，都是我国同类出土器物中较大的，而其出土的玉璋，最长者竟达一米以上。但与之相对，大量的小玉璋却仅有4厘米长，玉人面也不足3厘米高，小玉环直径也仅3厘米。这种大小的两极对立，无疑也让人遐想联翩。

在迄今为止出土的1400多件玉器中，金沙玉器最让人印象深刻、最能引人遐想的，无疑是它的玉琮、玉眼形器和玉神人面像。目前，金沙共出土玉琮24件，分别是分节分槽，外形瘦高，纹饰复杂，有微雕图案的良渚式玉琮一件；分节分槽，器形方正，纹饰简单的信良渚式玉琮一件；其余则是素面矮体，不分节槽的商周式玉琮。这24件玉琮中，以前两件制作最为精美，其中又尤以良渚式玉琮最为神秘。这件玉琮呈翠绿色，质地晶莹剔透，玉材明显区别于金沙的其他玉器。玉琮高22厘米，上大下小，共分十节，每节上均刻有良渚文化晚期典型的简化人面纹，全器共计40个人面。尤为特别的是，玉琮一面的上端，还刻有一个人形符号，其服饰显示出他或者是氏族的祖先神，或者是氏

■ 金沙发掘的玉神人面像，勾勒出古蜀人的精神背影。神人面像表情自然，长眉、三角形眼、钩鼻，小嘴微张，露出牙齿，脖颈上佩戴项链，与三星堆二号坑出土的铜神坛上的长颈侧面人头像完全相同，表现了他的神人身份。

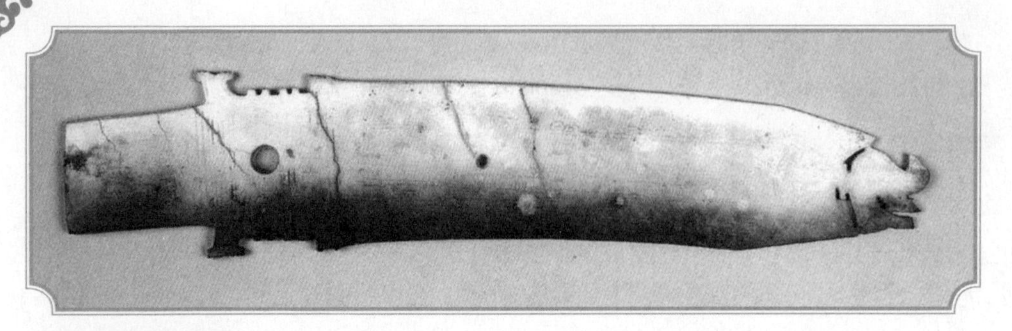

■ 璋是我国古代礼仪文化中的重要礼器之一。在目前所知出土璋的区域中，以四川盆地所出璋数量最多，并且有其他地区所未见的特殊器形，其使用年代自商延及西周，远较黄河流域用璋时期为长，为研究璋的形制演变、种类、功能用途以及古蜀国某些典章制度等提供了非常重要的实物资料。和相关证据。

族的大巫师，而这在目前良渚遗址所发掘的玉琮上是未有所见的。

考古学家发现，这件玉琮的制作年代大大早于金沙遗址年代，发源于浙江余杭的良渚文明出现于距今大约4800年左右，而金沙文明出现于距今3000多年左右，那么，这件玉琮是怎样跨越1000多年的历史长河，是怎样走过几千公里的遥遥旅程来到金沙古国的呢？玉琮上那并不见之于良渚遗址玉琮的人形符号，是本来就刻在玉琮上，还是古蜀人增刻上去的？如果是古蜀人增刻上去的，那刻的又是谁呢？太多的神秘笼罩着玉琮，也成为玉琮引人入胜的魅力之一。

而金沙发掘的属全国首次发现的特殊玉器玉眼形器、玉神人面像，则以神话再现的笔调，勾勒出古蜀人的精神背影。玉眼形器反映了古蜀人特有的眼睛崇拜，让人想起三星堆的纵目青铜人像；神人面像面容狰狞，长眉、三角形眼、鹰钩鼻，大嘴张开，露出三齿，与三星堆二号坑出土的铜神坛上的长颈侧面人头像几乎完全相同，表现了他的神人身份。上述玉器，不仅显示出金沙文明与三星堆文明的一脉相承，也进一步凸显出古蜀文明的独特与独立。

中国五大经典名玉

中国历史文化悠久，是世界上重要的产玉国。中国人经过无数代的采集和收藏，形成了中国特有的玉文化。在中国的玉石中最著名的玉石就是新疆的和田玉，它和独玉、岫玉、绿松石一起被称为中国的四大经典名玉。本文将用图文并茂的方式让你领略这四大经典名玉的风采。

■ 和田玉是玉石中的高档玉石，而且是我国国石的候选玉石之一。现今和田玉的名称在国家标准中不具备产地意义，即无论产于新疆、青海、辽宁、贵州，还是俄罗斯、加拿大、韩国，其主要成分为透闪石即可称为和田玉。

和田玉

和田玉分布于新疆莎东—塔什库尔干，和田—玉阗，且末县绵延1500公里的昆仑山脉北坡。和田玉的矿物组成以透闪石—阳起石为主，并含微量透辉石、蛇纹石、石墨、磁铁矿等，形成白色、青绿色、黑色、黄色等不同色泽。玉质为半透明，抛光后呈质状光泽，硬度5.5—6.5度。和田玉夹生在海拔3500米—5000米高的山岩中。在河床中采集的玉块称为籽玉，在岩层中开

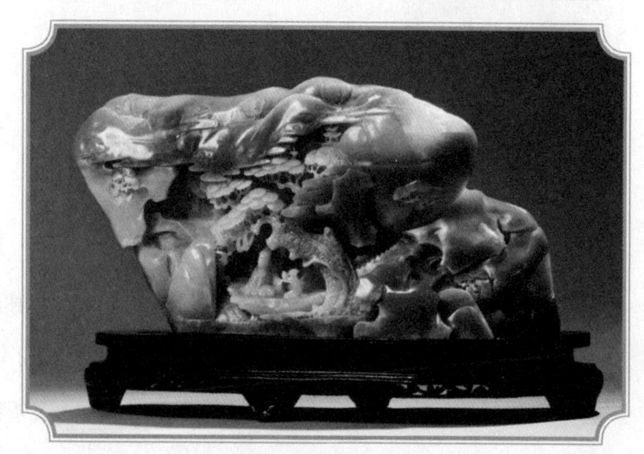

采的为山料。和田玉的经济价值评定依据是颜色与质地之纯净度。

其主要品种有：羊脂白玉、白玉、青白玉、青玉、黄玉、糖玉、墨玉。

独 玉

独玉的矿区地处河南省南阳市北郊的“独山”，又称“南阳玉”。独玉为斜长石类玉石，质地细腻纯净，具有油脂或玻璃光泽，抛光性能好，透明及三种以上的色调组成多色玉，颜色艳，硬度大于6.5。品种主要有：白玉、绿玉、绿白玉、紫玉、黄玉、芙蓉红玉、墨玉及杂色玉等。独玉开采历史悠久，陕西神木石茆出土的新石器时代龙山文化玉斧及现陈列于北京市北海公园团城内的元代“渎山大玉海”都是独玉琢成的。独玉的开采在汉代已有相当的规模，至今南阳独山还有一千多个古代采玉的矿坑，可见独玉的开采历史悠久，规模之盛，品类之丰。至今仍可形成规模生产。

■ 独山是距河南省南阳市最近的省级森林公园、国家矿山公园和旅游风景区，出产中国四大名玉之独玉。独玉主要由斜长石和斜黝帘石组成矿物集合体。常见黄、绿、白、青、紫、红、黑等颜色，以色彩丰富、分布不均为特征。

岫 玉

岫玉因主要产地在辽宁岫岩县而得名。岫玉形成于镁质碳酸岩的变质大理石中，我国这种玉种的矿床很多。岫玉外观呈青绿、黄绿和淡白色，半透明，抛光后呈蜡状光泽，硬度为3.5—5度。新石器时期红山文化所用的玉材产于岫岩县境内的细玉沟，俗称老玉，为透闪石软玉。商代妇好墓中出土玉器多数玉材与岫岩瓦沟矿产岫玉相似。瓦沟矿岫玉开采历史悠久，储量丰富，为我国当前主要的产玉矿区，岫玉产量占全国60%左右。

绿松石

绿松石是古老的玉石之一，早在古埃及已被人所知，把它视为神秘之物。甘肃永靖出土有距今3800年前的绿松石珠子20枚。古有“荆州石”或“襄阳甸子”之称。绿松石为铜的氧化物隐晶质块体，或结核体，有深浅不同的蓝、绿等颜色，常含有铁线，硬度为5—6，蜡状光泽。湖北产优质绿松石，中外驰名，其工艺品甚得人民喜爱，畅销世界各国。

■ 绿松石工艺名称为“松石”，因其形似松球且色近松绿而得名。在河南郑州大河村仰韶文化遗址出土的文物中，有两枚绿松石鱼形饰物。传说中女娲补天用的七彩石，其中就有绿松石，如今在湖北省十堰市竹山县分布的较多。

佘太翠

中国有着源远流长的玉文化历史，几千年来，美玉通灵、祈福平安且健身养颜之说的流传不绝于耳，人们视玉为吉祥之物。

佘太翠产于中国内蒙古地轴阿泰山之中，形成于18—24亿年前，是中国地质界、珠宝界知名专家确定的硬玉中的瑰宝之一。

在玉石家族中，佘太翠年代最古老，硬度高，储量多，块度大，质地致密，色泽亮丽，令专家、学者、业内人士赞叹不已，中国地质博物馆已将佘太翠作为标本收为馆藏，还有专家认为“和氏璧”可能出自佘太翠！佘太翠刚面世便绽放异彩，身价不扉。开发佘太翠将会形成一个大的产业，有无限商机和光明的前景。

和田采玉

■ 墨玉是一种珍贵而稀有的自然资源，产于新疆和田且末县，陕西省富平县北部山区，其色重质腻，纹理细致，漆黑如墨，光洁可爱，极负盛名。古人将其与钻石、宝石、彩石并称为“贵美石”。

古人采玉，必上昆山。

但海拔4000米以上的高山，采玉非常难。“越三江五湖，至昆仑之上。千人往，百人返；百人往，十人至。”

玉毕竟是通灵之物，颇有悲天悯人之心。它似乎明白采玉之艰难，所以降低门槛，借水下山来到人间。让人们不必攀山越岭，而只在河流中淘捞即可。

和田是绿洲，有两条大河缠绕其间，因盛产玉石而蜚声世界。东方的玉龙喀什河在太阳升起的地方，产白玉；喀拉喀什河在西方，因是太阳落下的地方，故产墨玉。无论是白玉还是墨玉，统称昆仑玉。

昆仑玉的极品是和田籽料，由河水亿万年冲刷而成，不需任何人工雕琢就是玉中极品。几千年来，人们为了得到一块和田籽料，不惜在河水里度过一生中最青春最活力的时光。和田捞玉从古至今不绝，就反映了人们这种略带侥幸的渴望。

凡有灵气的东西自己都会“跑”，所以捞玉和挖参一样都离不开一些沿袭已久的规矩，这些规矩不是潜规则，而是一些约定俗成的规定。《天工开物》里形象地记载了和田人捞玉的情景：每当秋水清彻明月当空的夜晚，捞玉人便不约而至，如果有人发现了水中闪射出一种特殊的光，那便是玉了。这时男人不能动，需让女人赤着全身投入水中捞取。据说男人一动玉就消失，只有当女人散发的阴气与玉的阴气相衔接相融合的时候，玉才不会跑掉。另一说，水中之玉为阳，它迫不及待地寻觅女阴之体。无论哪一种说法，女子捞玉的习俗相传到现在，一直没有改变。和田的秋夜已相当冷，不会是文人浪漫的杜撰。

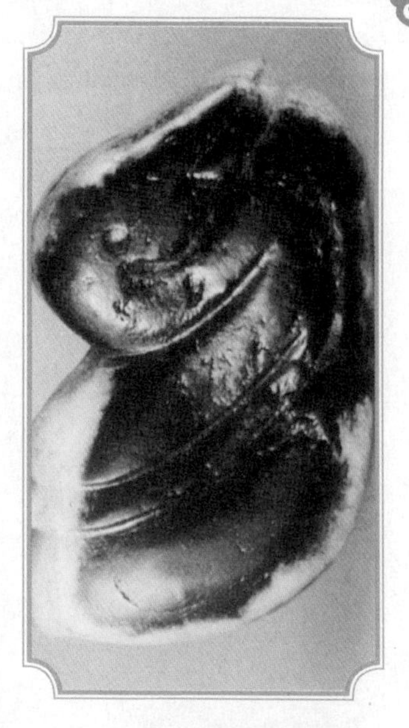

■ 白玉底的墨玉，又有点墨、聚墨与全墨的区别。此种玉的黑色与白色非常分明，条纹很清晰者为上品。也有黑色与白色相混的，此为下品。目前，市场上很少有白玉底的墨玉，价格非常昂贵。

玉特别讲人缘，如果发现玉之时恰巧女人又不在身边，玉也宽容地允许男阳之身捞取，只是要求一不能惊叫，二要屏住呼吸，三要用脚踩。这个规矩破坏一条就会无功而返，玉将瞬间消失。

采玉难，运玉也不易，中原之地得玉尤其不易，或远涉山水取之，或以邦交之利或武力之威取之。玉石东来千年不绝，因为玉而引发的战事、杀伐便不断。政权和军队都参与了玉路的开拓与畅通。而横亘在西域与中原要道上的玉门关，便是因查玉而设的重要关口。

春风不度玉门关，引得春风度玉关。

多少年来，玉门关的来历人们已经淡忘，但千年玉门仍在，好似向后人娓娓叙说万年的玉之路。

东方灵符 和田玉暖

山中之王，玉中的正脉

■ 殷墟玉器是在继承前代琢玉工艺的基础上发展起来的，在较长时间的生产实践中，不断探索和创新；加以统治者对玉器的需求和重视，更促使玉雕工艺迅速发展，从而为中国古代玉雕史谱写了新的一页。

1976年，河南省安阳市小屯村。一座商代古墓揭开了历史斑驳的纱幔，墓主是商王武丁的王妃妇好。考古人员从古墓发掘出755件玉器，经鉴定玉怪鸟饰、玉羊首饰等众多玉料是由新疆和田白玉制成的。这仅是众多商周遗址中发现和田玉的例子之一。在甘肃、青海两地距今4千多年前的齐家文化里，发现了不少和田玉。距今3800年前，在今罗布泊地区孔雀河北岸的古墓沟生活着一群古罗布泊居民，从他们的墓葬中，出土了由和田玉制成的玉珠，系死者颈腕部装饰品。战国以后，和田玉更是大量进入中原，成为中华玉文化的代表性玉料。大量事实表明在汉代丝绸之路开通之前，一条由新疆通往中原的“玉石之路”就已横亘在苍茫而古老的大地上。

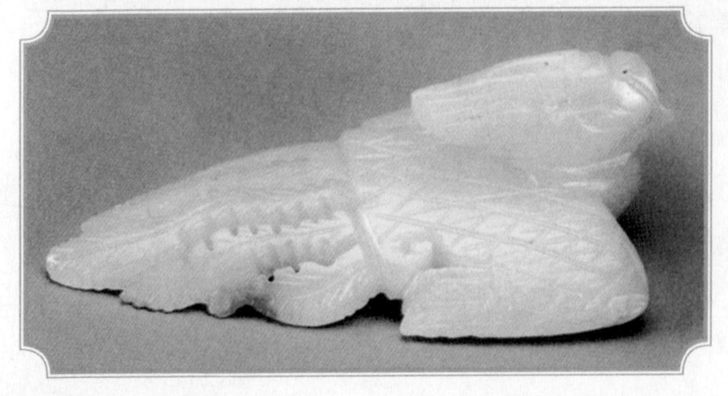

《千字文》说："金生丽水，玉出昆岗"，这个"昆岗"，指的就是昆仑山北坡的和田。和田位于丝绸之路的南道，史称和阗、于阗，秦汉以前有塞人、羌人、月氏人等古老民族在这里生息过。和田玉属软玉，古称"昆山玉"，清代时称"回部玉"，分为山产玉和水产玉两种。采自山上原生矿的叫山玉，特点是块度的大小不一，呈棱角状；水产玉有一种是原生矿石风化崩落后由河水搬运至河流上游的玉石，由于距原生矿近，块度较大，棱角稍有磨圆，另一种是原生矿剥蚀后被流水搬运至河流里的玉石，其特点是块度较小，常为卵形，表面较光滑，这种水产玉叫籽玉。珍贵的籽玉大都产自喀拉喀什（墨玉）河和玉龙喀什（白玉）河。在古代，于阗人在明月下夜视河水，"月光盛处，必得美玉"。

■ 黄玉又叫黄晶，是含氟硅铝酸盐矿物。它是由火成岩在结晶过程中排出的蒸气形成的，一般产于流纹岩和花岗岩的孔洞中，呈柱状或不规则的粒状或块状，颜色有多种多样，为黄、蓝、绿、红、褐等浅色，有玻璃光泽，有的无色透明。

和田玉分为白玉、羊脂白玉、青田玉、青玉、黄玉、糖玉、墨玉等。葡萄牙的耶稣会士鄂本笃于1603年前后游历过和田，留下了和田山料玉开采方法、矿权所有和租赁方式的详细记录。

李约瑟在《中国科学技术史》中说："对玉的爱好，可以说是中国的文化特色之一，启迪着雕刻家、诗人、画家的无限灵感。"在中国文字中"玉"通"王"，和王同用，三横是天地人，一竖贯通。中国文化的道统是天人合一思想，在这种价值体系里，玉被视作是天地精气的凝结之物。孔子曾详细论述

过玉的十一种德性：仁、知、义、礼、乐、忠、信、天、地、德、道，赋予玉崇高的道德禀性，从而玉在儒文化中占据了一个显要的位置。古语道："言念君子，温其如玉。故君子贵之也。"所以君子比德于玉，玉不离身。而华夏龙脉（山脉）皆发脉于昆仑山，采自这座"山中之王"的品质绝伦的和田玉，自古以来就被认为是玉中的正脉、玉中的真玉，其他地方的玉从精妙程度上、从地位上是无法望其项背的。

东方灵符，高洁曼妙的天意

■ 宋代玉器商品的出现，刺激了民间琢玉业的发展，也因此促进了玉器市场的繁荣。玉不再是皇家专用，而进入流通市场。民间琢玉主要的消费对象是对玉器十分迷恋的普通百姓，因此宋代出现了平民化的世俗题材玉器。

殷商的玉饰、周朝的礼器、秦代的玉玺、汉代的玉衣、唐代的玉莲花、宋代的玉观音、元代的渎山大玉海、明代的子冈牌、清代的大禹治水图玉山——和田玉是东方的灵符，它无量的光轮扫过历史的天空，闪耀着高洁曼妙的天意。

和田玉产于西域，成于中原。最神秘的和田玉雕件是被王室的星象家用来观测星象的圭臬，以及帝王行封禅祭礼时深埋地下的玉牒，如乾封元年（公元666年），唐高宗在泰山举行盛大的封禅大典告谢上天时，使用了"玉策三枚，皆以金编，每牒长一尺二寸，广一寸二分，厚三分，刻玉填金为字"。

汉代时，中原贵族广泛用和田玉制作"丧葬玉"中的玉衣，是汉代最高规格的丧葬殓服。据《西京杂记》记载，汉代帝王下葬都用"珠襦玉匣"。玉匣就是状如铠甲的玉衣，用金丝连接。当时的人们沉迷于不朽的观念，视玉为高贵的礼器和身份的象征。

魏晋时，玄风流行，名士服药成风，主要是服五石散，也有服玉屑的，以和田白玉之屑为上品，服用玉屑主要是为了轻身羽化、延年益寿。这种观念最早源自求仙术士的神秘主义思想，影响很大的葛洪就说："玉亦仙药，但难得耳……当得璞玉，乃可用也，得于阗白玉尤善。"

■ 在我国，"黄色"是皇家独占的颜色，是王权的象征。皇帝的龙袍是明黄色；受宠的臣子被赏赐黄马褂；皇帝出行要打杏黄旗等等，由于宗教和皇室的关系，某些宗教用品也用黄色。而以黄色为基本色的黄玉，则表达了人们渴望友爱、友好相处的愿望，符合国家之间、民族之间和平友好共处的原则。

直到唐代，在官方的药剂中仍仔细记录了服用玉屑来轻身延年的用途，认为所服用的玉"当以消作水者为佳"，但是"粉状及屑如麻豆者"亦可服用，服用后能"取其精润脏渣秽"。唐代贵族的一大新风尚是佩带用玉饰板做成的玉腰带，这种晶莹美丽的腰带取代了以前的皮腰带。肌肤似雪的杨贵妃是和田玉的迷恋者，每到夏天，怕热的她每天都要在口里含一个玉鱼儿，以玉的清凉之津来消除肺热。

宋代时，金石学掀起了一个高峰，对玉的研究胜过往昔，这缘于出了个"恋玉癖"皇帝宋徽宗，他的凤阁龙楼里收藏了众多的玉。

玩玉者，不可不知子冈，在和田玉浩瀚的史海上，明代的玉雕大师陆子冈是一个绕不过去的角色。陆子冈是当时琢玉中心苏州的代表性人物，琢玉技艺巧夺天工，以区区工匠名闻朝野声震天下。据《苏州府志》载："陆子冈，碾玉录牧，造水仙簪，玲珑奇巧，花茎细如毫发。”

■ 此玉雕为明代陆子冈的名作之一。陆子冈的玉雕作品，多形制仿汉，取法于宋，颇具古意，并形成空、飘、细的艺术特点。空，就是虚实相称，疏密得益，使人不觉繁琐而有空灵之感；飘，就是造作生动，线条流畅，使人不觉呆滞而有飘逸之感；细，就是琢磨工细，设计精巧，使人不觉粗犷而有巧夺天工之感。

陆子冈主要生活于嘉靖、万历年间，自幼在苏州城外横塘的一家玉器作坊学艺，练就一身绝技，其所琢玉雕，形制仿汉，取法于宋，精妙无比颇具古意。据说他的玉之所以雕得那么好，得力于一把妙不可言的“吾昆刀”，这把刀他从来秘不示人，操刀之技也秘不传人。成名后，陆子冈琢玉更加讲究，有所谓“玉色不美不治，玉质不佳不治，玉性不好不治”之说。一次，隆庆皇帝命他在小小的玉扳指上雕百俊图，他在玉扳指上刻出霞气氤氲的叠峦和一个大开的城门，然后雕了三匹马，一匹驰骋城内，一匹正向城门飞奔，一匹刚从山谷间露出马头，整个画面给人以藏有马匹无数奔腾欲出的动感，令隆庆皇帝激赏不已。自此，他的玉雕便成了皇室的专利品。故宫博物院至今珍藏有陆子冈的合卺杯、青玉婴戏纹壶、青玉山水人物纹方盒等玉雕佳作。

帝皇情结，和田玉的空前盛世

和田玉的开采在大清乾隆时期达到了一个高峰。乾隆皇帝对玉的迷恋超过历代帝王，被称为是“玉痴皇帝”，他写玉的诗作竟多达800多首。乾隆二十四年，新疆一带正式归入清廷的直接管辖之下，和田玉被确定为新疆向清廷皇室进献的三大贡品之一，被源源不断运往内地。乾隆皇帝对此非常得意，在养心殿寝宫专门挂了个题有诗歌的碧玉大盘诗作为纪念。

乾隆帝最喜爱的珍贵小玉雕，收藏

在一个叫“百什件”的盒子里，共分为9层，抽屉中有每件玉器专用的小格子。一个叫丁关鹏的宫廷画师作了幅《鉴古图》，真实记录了乾隆皇帝赏玉的情况。乾隆帝对宫廷玉器制造极为关注，常亲临现场过问生产过程，亲自对玉雕进行鉴别、定级，并制定对玉工的惩罚办法，轻则扣除薪俸，重则降职、革职以及体罚或监禁等。

■ 此玉雕由乾隆皇帝亲自指挥制作，并且自己选定刻款工匠，将亲笔题写“密勒塔山玉大禹治水图”题诗，以及自己最得意的两方印玺“五福五代堂古稀灭子宝”“八徵耄念之宝”，刻于玉山背面。

有些重要的器物，他对画稿、制木型、蜡样，以及最后的装饰、摆设等，要一一审查作出指示。如乾隆四十六年初，制作“大禹治水图”玉山的玉料运到北京后，他直接参与了整个制作过程，并下旨指定自己选定的刻款工匠，将亲笔题写的“密勒塔山玉大禹治水图”题诗，以及自己最得意的两方印玺“五福五代堂古稀灭子宝”“八徵耄念之宝”，刻于玉山背面。这座青白玉玉山是我国古代最大的一件玉制品，现藏故宫博物院宗馆，高224厘米，宽96厘米，重约5300多公斤，由清代扬州玉工制作，前后共用了10年时间完成，仅从和田运到北京就用了3年。

1905年11月6日，慈禧太后70岁寿辰这天，她收受了来自全国各地的各种贵礼后，下了一道懿旨给新疆巡抚联魁，要他在和田找一块她“百年”之后在寝宫中停放棺椁的大玉座。联魁接到懿旨后，不敢怠慢，迅速组织人马在海拔4000—4500米的密尔岱山玉

■ 青白玉是颜色介于白色和淡青色、淡绿色之间的软玉。清代宫廷玉器大部分都是用新疆和阗地区的玉料制作，玉料以白玉、青白玉、青玉、碧玉为主。在同等情况下，青白玉的价值介于白玉和青玉之间。在清代宫廷玉器中，用青白玉做成的器皿最多。

矿，靠铁锤、楔子、钢钎等简单工具，历尽千辛万苦，采出了一块浅绿色的巨大青白玉料，6面凿平后重达33600余斤。将这块前所未有的大玉运往遥远的北京，在当时是一项无比艰巨的工程，数百名运玉人，将圆木垫在玉料下面，让大玉的光滑面朝下，采用几十匹马拉，数百人在背后用力推、用棍撬的方式，轮翻移动圆木并往前垫，缓慢地将硕大玉料向前移动。

冬季是运大玉的最佳时间，运玉民工在路上泼水冻冰以增加运输速度，但在塔克拉玛干大沙漠边缘地区找到水源颇为不易，有一段还是数百公里长的无人区，据说路上累死、病死的民工达好几百人。如此日复一日用原始手段艰辛地协同操劳，3年后，1908年11月15日，当大玉运到离库车县旧城1000公里处时，慈禧太后在北京紫禁城内仪鸾殿驾崩的消息，通过有线电报从京城传来，已被折磨得痛苦不堪的运玉民工们再也控制不住心头的怨愤，作鸟兽之散的骚动中他们砸碎了大玉料以泄数年之苦。小块和中块玉料被混乱的人群搬走，有些被掷入库车河里，只留下最大两块搬不动的。

1949年11月，解放军进驻库车县后，两块遗留下来的青白玉料，作为清代文物被存放在县委大院里。1965年，中国地质博物馆的胡承志到库车时被这两块玉料吸引，了解其不凡来历后，征得县领导同意，用汽车把两块玉料运到乌鲁木齐，稍小的玉料移交给新疆地矿局，较大的一块通过火车运往北京，在中国地质博物馆东大院内展出，底座标牌上刻写着“库车县赠”的字样。

■ 和田玉在我国至少有7000年的悠久历史，是我国玉文化的主体，是中华民族文化宝库中的珍贵遗产和艺术瑰宝，具有极深厚的文化底蕴。我国是世界历史上惟一将玉与人性化相融的国家。

新疆：暴涨万倍的疯狂石头

■ 在几千年和田玉开采史中，资源并没有被采尽，而且还有资源潜力。但是，和田玉属于珍贵稀缺资源，一定要在保护中有计划地合理开采，不能竭泽而渔。

在跳进和田市郊区米力尕瓦提荒滩上一个6米深的坑中之前，65岁的挖玉人阿卜杜·哈拜尔把一块馕饼和着水塞进嘴里，以抵御已经来临的饥饿与困倦。哈拜尔每天在这片荒滩上干十多个小时活儿，整个月中，他需要在这片沙漠边缘的戈壁滩上面临孤独、疲惫、饥饿、寒冷，以期挖掘出哪怕一小粒和田玉，那将是对他最好的报酬。

这个荒滩上的深坑以外的世界似乎与哈拜尔无关，他并不知道，数月以来，由于前往新疆贩玉的汉族商人的骤减，和田美玉曾经持续火热的销售如今基本处于停滞。

在一个他曾经挖掘了半个月却没有任何收获的土坑里，哈拜尔用帆布和木架搭起了一个简易帐篷，他就住在里面。每一天，他都在这

个帐篷附近开掘新的土坑，寻找着新的玉石。对他来说，这是种古老的赌局，赢了，他可能会挖到价值几十元直至几千万元的宝贝，而输了，他输3元钱——一天三个馕饼的价钱。

哈拜尔在孤独地等待好运来敲门。“也许一会儿就会中大奖。”与哈拜尔一起在这里挖玉的买提江笑着用维语说，“谁知道呢，这都是真主的旨意。”日落时分，他们在例行的仪式中，面朝西方祈祷，希望真主能赐给他们这里地下的宝玉。之后，他们穿好鞋子又跳进坑中，趁着还有光亮，他们再挖掘起来，期待着泥土中能出现那幸福的闪光。

■ 和田地区是古代产玉最著名的地区，早在汉代《史记》中就有记载。产玉之河以玉龙喀什河和喀拉喀什河最驰名，玉资源最大，多为青玉，并有白玉、青白玉等，这也正是人们千里迢迢来此地的原因。

“要不要赐给我，或者什么时候赐，都是真主说了算。”买提江一边笑着，一边把几片莫合烟叶放进嘴里咀嚼，用以提神。经常到巴扎（市场）上闲逛的他清楚地知道现在很少有内地的商人敢来新疆买玉，但他相信真正的好玉仍然是俏货，“因为现在的和田玉资源几乎没了，连米粒大小的也翻不出来。”去年，这个不满30岁的年轻人在这里不远处挖出一块饭盒大小的白玉，卖给了一个同村的玉石商人，对方给了他40万元，这让他首次触摸到了真实的财富。在之后的几个月里，他用这40万元雇了一辆挖掘机在曾经的“福地”继续深入挖掘，但好运再没光顾这里，他没能挖到哪怕米粒大小的一块玉石。很快，40万元用

■ 羊脂白玉又称“白玉”“羊脂玉”，为软玉中之上品，极为珍贵。羊脂白玉是一种角闪玉，白玉之最。顾名思义，羊脂白玉，首先肯定是白色的，好似白色的羊脂（俗称羊油），如果带有别色，那就不是羊脂白玉了。

完了，挖掘机司机在结完最后一笔账后分秒必争地赶往下一个主顾的深坑去，将买提江一个人留在了荒滩上。买提江又变回了从前的样子。“除了这身西服，什么都没剩下。”他拉着西服两侧的口袋盖自嘲道。

这里是新疆南部和田市的边缘。每年雪山融水过后，此处会如童话故事般显现出一条东接昆仑山的干涸河道，几千年来，被洪水从山上冲下的和田美玉就沉积在河床附近，吸引着无数人来到这个地方。但由于最近几年，超过10万人蜂拥到这里的戈壁荒滩上疯狂挖掘，使玉价在短短10年间随之陡然暴涨了一万倍。

玉石在这里被挖玉人从地底掘出；商人们将之贩运到遥远的南方，在那里切割，打磨与雕琢；再流向北京、上海这样的现代都市。数千年以来，玉石的流转保持着这一路线，更加恒久不变的则是在原产地挖玉人中反复上演的好运与绝望，这个地区深陷疯狂的财富梦想与环境恶化的现实之中，人们使用着几十个世纪以来都没有变化的寻宝技术，疯狂地找寻着自己的梦想。

百分之一百万的涨幅

在北京朝阳门一处胡同中的私人会所，缓缓的音乐配合着柔和的灯光充斥着整个房间。“敬各位，也敬这块美玉。”吴老板向旁人举起了酒杯。

几分钟前，经营电池生意的吴老板看着他的江苏同乡们比拼着各自手中的玉器，而当他亮出一块手掌般大小，犹如笼罩着一层乳白色光辉的和田羊脂玉雕后，在坐的其他“老总们”都围上来，纷纷打听这块玉件的出处以及雕工，并再也不好意思拿出自己的玉器“献丑”。可在两个星期前，吴老板还在为自己“玉不如人”而神伤。吴老板随即得意地侃侃而谈，介绍自己半个月前如何与此玉结缘，并果断出手200万元买下这块宝玉的经历。事后，他私下打电话给一位在新疆和田的玉石商人，感谢他帮忙找到这块好玉，让他挣足了面子，还说他最享受的就是看见同乡×总垂头丧气的样子。这位×总之前用一块80万元的和田青花玉佩让吴老板很下不来台。但这一回，吴老板认为自己扳回了一局。放下电话，另一头的玉石商人也松了一口气，几个月以来，涉足南疆腹地的内地玉石商人数量大为减少，“幸亏这些内地老板们仍有需求，否则我也不知道该怎么办才好呢。”

■ 羊脂白玉中略带粉红色者，有人称之为“粉玉”，而一些玉器专家、学者则其称为“羊脂玉”。羊脂白玉中主要含有透闪石、阳起石和绿帘石，非常洁白，质地细腻，光泽滋润，状如凝脂。古传“白璧无瑕”即指白玉。

在北京、上海这样的都市，新近富裕起来的一批中国富豪对行走于豪华高尔夫球场或是LV手袋兴趣减弱，他们反而觉得拥有一块绝世的玉石才是身份与高贵的象征——历史正重演着同样的情节——珍贵的玉石再次来到了新时代的显贵们手中。在很多场合，如晚宴与私人聚会，都最终成了玉石“展览”会。为了尊严与荣耀，这些富豪、名流、世家子弟们不惜动用几百万元的家财换取一两块石头。虽然他们或许并不真的懂玉，“但对他们来说，面子比什么都重要。买LV反而显得俗不可耐。”一位玉石商人如是说。

■ 和田玉是玉石中的高档玉石，而且是我国国石的候选玉石之一，由于其日渐稀少更显魅力。如今和田一个月的玉石开采量就远远超过人类几千年来开采量的总和。为了得到这象征着财富的石头，数以十万计的人们自发加入了淘玉的大潮。

几千年来，还没有任何一种石头对中国人的吸引力及影响力能够超越玉石。事实上，作为硅酸盐物质的玉石并没有任何实际的用途，这种化学成分除了在形成过程中受到水的融合外，几乎和任何岩石砂石没有区别。但其晶莹剔透、温润高雅的气质使它成了几千年来除去黄金外中国最受欢迎的商品之一。自从儒教将美玉与君子以及道德结合在一起，玉石更成了中国文化血脉的一部分，它再也不是一块普通的石头了。而如今，随着近十年中国经济的高速发展，玉石又被附加了财富、地位、品位的新意义，成为显贵们最新的宠儿。

“黄金有价玉无价”这句话非常好地诠释了最近十年和田玉石价格的走势。20世纪80年代仅仅价值几百元的和田玉籽料目前的售价为几百万元，而且往往处于既无价也无市的状态。在一本介绍和田玉石情况的书籍《中国新疆和田玉》中，作者保守估计目前和田羊脂玉每公斤售价为20万元，而有商人认为，这个价格在实际交易过程中往往要乘以5甚至10。据统计，虽然近十年来国际黄金价格上涨了235%，但在中国，和田玉石

的上涨幅度却是百分之一百万。

玉石由于其日渐稀少更显魅力。在整个人类的历史上，玉石开采量只有几万吨，尚不够填满一个水立方的跳水池，而这其中有将近2/3是近十年才被开采出来的。如今和田一个月的玉石开采量就远远超过人类几个世纪开采量的总和。为了得到这象征着财富的石头，数以十万计的人们自发加入了淘玉的大潮。有人戏称，作为主产地，整个和田地区除了铺有柏油路面的地方，已经都被翻过一遍，但很快又被后来人翻了回去。

缘分哪

切莱莱赫今年26岁，可是她的手已经被磨得像块老皮。只有长时间在石料堆中用手拨弄，手才会变成这样。自从离婚后，她为了自立，便到当地砂石厂找了一份活计。事实上，这根本也不算是个工作，她只是每天被允许呆在石子堆上，用手和一块小木板寻找极少数没被人找到的玉石颗粒，而为了这个她要每天付给看门人10元钱作为“门票”。

■ 由于和田玉石的价值所在，这一地区的砂石场也都成了变相采玉的场所。这里的工人每天向下挖掘几米后，开始对石料进行第一次拣选，也许能如愿以偿，也许什么也捞不到。如此这样下去，很好的一块地变得坑坑洼洼。

切莱莱赫找到玉石的机会微乎其微，皆因这里的石料早已被人拣选过多遍。在收取10元让她进场前，已经有人以每月2万元的“门票”承包了第一轮的拣选机会，除非这些人睡觉或者有事，否则基本很难有玉石逃过他们的眼睛，即便是米粒大小的也不例外。

作为玉石食物链的顶端，和田地区的砂石场往往都成为了变相的采玉。经过非常复杂以及严格的审

查，缴纳不菲的费用后，这些砂石场才被允许建在古老河床之上。每天向下挖掘几米后，砂石场老板将会对石料进行第一次的拣选，之后才会对外承包，直到切莱莱赫这个层级后，没用的砂石料才被磨成细粉，卖给随便什么建筑商，而其每吨几十元的利润远远不能与玉石交易以及承包拣选权相比。“本子上我们的主业是加工砂石料，但谁都知道会拣出玉来，所以这是一项副业，当然无可否认这项副业最赚钱……”一位希望匿名的砂石场老板整理着自己采玉的正当逻辑。

■ 据估算，每年依靠玉石为生的和田人超过10万，他们中有一些确实因为贫穷而挖玉求生，还有很多是出于对一夜暴富的渴望。有些人因挖到美玉而发了横财，过上了幸福的生活，于是，吸引了更多的人来这里寻找财富。

即便找到玉的几率是如此得小，切莱莱赫仍然愿意呆在这里，因为她时常还是能凭借着自己的眼睛从砂石堆中找到小粒的玉。如果这些玉形态够完美，又带有或红或黄的花纹，她便可以将这些玉立即变现，卖给无时无刻不守候在附近的玉石贩子，换取几十元或上百元的收入，而这意味着她整个月的“门票”和食物都有了着落。采玉食物链的顶端与末端在这里奇异地共生着。

人们估算，每年依靠玉石为生的和田人超过10万，他们中有一些确实因为贫穷而挖玉求生，还有很多却完全是出于对一夜暴富的渴望。有人开玩笑说，在和田地区，一夜暴富的故事比土里的玉石还要多。因为到处都流传着某人某日挖出了多么大块美玉的消息，而往往这个人就因此发了横财，过上了幸福的生活。这使得这里的人们更为疯狂地去寻找，希望自己也有朝一日能够成为传说。

采玉行业的特点是一夜暴富，有一个玉主在河滩里挖出的一块80公斤带皮羊脂玉料，最终在北京以3000万元成交。而很快，有人看到一夜暴富的玉主返回了河滩，这位千万富翁选择继续挖玉而不是回家养老享受。

在和田市郊的一个砖瓦厂，司机刘震非常懊悔地讲述着自己亲身经历的一件事。几个星期前，他驾驶一辆皮卡车出外送货，却在村口的土路上陷进了泥里，正巧一块大石卡住了他的轮胎，使他进退不得。他到处找人帮忙推车，废了九牛二虎之力终于推车碾过了那块大石，却听到车尾的欢呼声有些过于兴奋。“我下车一看，一个巴郎子（小孩子）抱着那块石头高兴得快哭了，是一块青白玉。”刘震满脸失落，“一看那玉我差点哭了，那块玉至少能卖25万，我就这么压过去了……”

在采玉界，人们往往笃信缘分。很多传说告诫人们，在一个地方挖上大半年也许一无所获，但不应该放弃，“你不挖，别人过来接着挖，一挖就出来三四块，瞬间成了富翁。”

■ 很多传说告诫人们，在一个地方挖上大半年也许一无所获，但不应该放弃，“你不挖，别人过来接着挖，一挖就出来三四块，瞬间成了富翁。”一位和田本地人这样说，“总是希望再挖多一层，那就永远也停不下来了。你知道，希望总在下一铲土里。”

买提江说。这

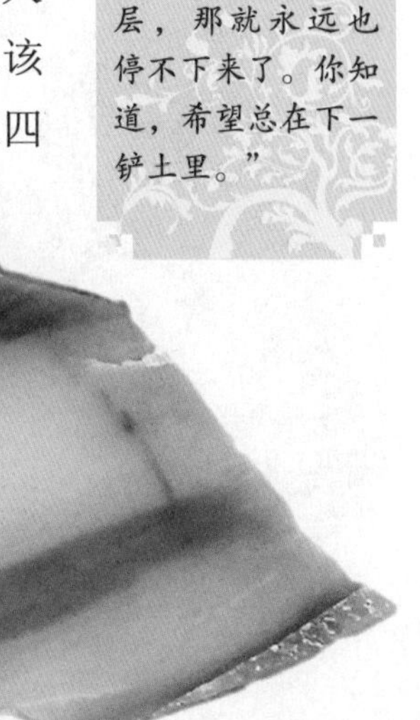

样的传闻更让挖玉者们欲罢不能，因为每次想要停止的时候，“总是希望再挖多一层，那就永远也停不下来了。你知道，希望总在下一铲土里。”买提江自己笑得很惬意，他不到一岁的儿子已经能够爬来爬去，这个孩子的名字叫努尔，维吾尔语里是光芒的意思。买提江说之所以起这个名字，是因为在挖到那块40万元的玉时，他真的看到了光。

■ 和田虽然是个好地方，但有一些让人哭笑不得的悲剧时有发生。在玉龙喀什河的一次开采活动中，两个挖玉人同时看到了一块带皮白玉，两人不顾一切扑过去抢，却忘记了脚下被挖掘机刨出的深坑，一人当场摔死，另一人受伤。然而，这丝毫影响不了挖玉的步伐，越来越多的人前来这里。

悲惨的故事和暴富的故事一样多

没人在乎需要挖掘多少吨土方才能从中找到一粒和田玉，在这里，只要有可能，即便是把整个山头都削平也有人在所不惜。人们只看到身边一个个暴富的身影，而选择性地避开更多因采玉而倾家荡产的悲剧。当加满了柴油的挖掘机们怪兽般冲进河床深处时，除非弹尽粮绝，否则它们是不会停下的。

当奥运奖牌将使用和田玉为原料的消息使玉石热潮攀上顶峰时，在和田市玉龙喀什河河道中进行采玉作业的挖掘机达到了顶峰，达八千余辆。这甚至引起了国外军方的注意，观看卫星照片根本无法理解这些绵延几十公里的工程场面意味着什么。不仅如此，全国各大重型机械集团的老总也不清楚为何自己的产品在和田如此畅销。几年来，和田地区重型机械的销售量一直居全国榜首，几乎所有厂家的领导班子都慕名到这里来考察调研。

玉石所激起的欲望之可怕在外界是难以想象的。在玉龙喀什河的一次开采活动中，两个挖玉人同时看到了挖掘车抓斗中的一块带皮白玉，两人不顾一切扑过去抢，却忘记了脚下被挖掘机刨出的深坑，一人当场摔死，另一人受伤。如此这般的惨剧并不罕见，暴富的诱惑让人们对这些惨剧习以为常，更多的人加入到淘玉的浪潮中来。

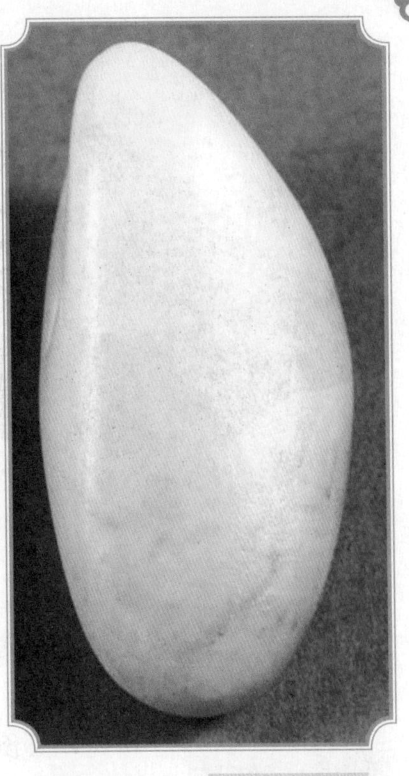

整个10月，艾尼·买提一直在玛丽艳开发区帮他的好友看场子，这个开发区早先的规划是希望进行农业开发。可当人们不知从哪里得知这里几千年前曾是古河道后，此处很快被挖掘得像是月球表面，整个地区水土流失严重，荒漠化也近在眼前。“人们只要玉，其他的无所谓。”有识之士对这种破坏性采掘发出慨叹。

艾尼的主要任务是监督雇来的另外5个人工作，并杜绝这些人私藏玉石的可能。简单来说，他们需要在漫天的灰尘中紧盯挖掘机倾倒下来的土方，寻找任何玉石的踪影。而如今，距离上一次发现玉石已经八天了，艾尼和他的朋友一样焦虑，八天来，挖掘机从河床内掏出的土方已经超过400吨，可他们这个小队连和田玉的渣子都没看到一粒，光是每天每辆挖掘机一千多元的柴油费用如今就已经净赔数万元。

■ 玉石挖掘就像是在赌博，运气好能得到玉，运气不好，就会两手空空，甚至倾家荡产。曾有一个浙江老板组成的小队在河道里挖出了一块带皮白玉籽料，卖了上百万元，但他不愿停下来，很快连本带利赔光了。

“这里是最大的露天赌场。”玉石商人侯文波如是定义艾尼他们的行为。类似艾尼这样的小队，挖掘机一般是租赁而来，每月2.8万元到3.6万元的租金，柴油自筹（基本上是每天每辆一千多元油耗），如果算上工人的工资，每个月每台车就要投入10万元到

12万元的成本。这些钱大多是筹借而来，一旦挖不到像样的玉石，“基本就是倾家荡产的结局。”侯文波说。

2006年，侯文波与另外四人合伙进行着和艾尼同样的玉石挖掘生意，三个月内挖出的玉石与投入的成本刚刚持平，5个人都不敢再干下去，“动辄就是倾家荡产。”侯文波至今仍然觉得自己很侥幸，“这种生意就与赌博无异了。”侯文波记得当年有6个浙江老板组成的小队在河道里挖出了一块带皮白玉籽料，卖了128万元的天价，可由于不愿就此收手，很快128万元赔个精光，又倒赔上百万元，最终合伙人间内部分裂，黯然收场。“打比方说有十台车挖玉，最后最多只有一台车的人有机会暴富，两台车保平不赔不赚，其他都是倾家荡产。”侯文波很庆幸自己是没有赔钱的经营人之一。

■ 由于在形成过程中被包裹了很厚的石皮，因此一块石头里面是顽石还是美玉，这基本上只能靠眼力，简单说就是赌。

在和田，如果精心留意，悲惨的故事几乎和暴富的故事一样多，只是大多数人选择性地过滤掉了那些悲剧。侯文波还认识几个当年叱咤风云的当地老乡，由于挖玉失败，如今一无所有，不是在家务农就是在路边卖烟，“他们都曾经是身家几千万的富豪，总想着挖更大的石头，最后就落得如此下场。”侯文波说道。

2004年年底，一个挖玉人借了亲戚朋友的钱买了挖掘机挖玉，但连续一年时间，没有挖到像样的玉石，亲友不停向他追债。一天晚上，他通知了所有的亲友，说第二天早晨在玉龙喀什河边的一个地方还钱，当第二天亲友们赶来的时候，发现他已经在因缺油而无法运转的挖掘机上上吊自尽了。

祝你下次好运

整整一天，玉石商人卡吾力骑着他的摩托车往返于各个荒滩之间，他全家的生活都依靠他平日里倒卖玉石来维持。依靠着信息灵通，卡吾力近几年赚到了不少钱。在和田，像他一样的玉石贩子“数都数不清”，但是大多都是串场加价获利，每次赚个二三十元钱，互相炒卖，很少有人有渠道把玉直接卖到内地市场去。

■ 识玉，不但靠眼力，也要靠运气。新玉的鉴定侧重于真假品种、质地优劣与雕工的精粗。而旧玉的鉴定相对复杂，除了对新玉的几个基本要求之外，还要识别玉器的制作及其历史价值。

“巴扎里都是我们本地人，炒来炒去还在我们手里，到最后还是要内地人来接才行。”卡吾力也没法子，他自己没有渠道把玉卖到内地，只有汉族商人以及几个维族阿吉有这个渠道，“现在内地商人不来了，卖给阿吉他们又杀价很低，怎么都是亏本。”

卡吾力索性开着摩托车跑到米力尕瓦提转悠，遇到熟识的阿卜杜·哈拜尔，后者告诉他已经很多天没有找到东西了，“都让你们给卖了。”哈拜尔半开玩笑指责卡吾力。买提江拿了一块石头给卡吾力看，这是他几天前在石滩里找到的，外表与很多石头无异，但用手电筒照则隐约觉得其中有异。由于部分玉石在形成过程中被包裹了很厚的石皮，因此一块石头里面是顽石还是美玉，这基本上只能靠眼力，简单说就是赌。“看不好，里面不一定有玉。”卡吾力撇着嘴，“去找个电锯刨开看看吧。”买提江不同意，他还是想囫囵个卖掉。“挺难，现在买家本来就少，太便宜了你也不舍得卖。”卡吾力临走前说。

■ 目前，还没有一种科学方法能有效测定深藏在矿石里面的玉，所以，业内人士仍然在做着“赌玉”的生意。“赌玉”（也叫“赌石”），通常是在玉器行门前摆着一长溜的矿石坯，坯里可能藏着价值连城的玉，也可能什么都没有。

事实上，由于玉石本身带有或多或少的石属性，即便是专家也有看走眼的时候。和田地区最大的玉石山料矿阿勒玛斯矿前矿长安举田，是自1980年代起就开始在国营矿场担任收购人员的老专家，但在一次光线暗淡的场合，他仍然被一块咔哇石打了眼，误当作碧玉收购下来。虽然此事过去十多年，安举田仍然心有余悸，从此之后他再也不敢在光线不好的地方进行交易。前不久，他的一位朋友——一位天津玉器店的老板——硬是将一块近2吨的咔哇石当作碧玉收购下来，经济损失惨重。这种生意自古至今严格按照一手交钱一手交货的古老方式，就是要让双方都无法反悔。赚钱或是赔本全靠眼力。

但一些事例也让更多的人愿意选择铤而走险。在和田玉石巴扎，曾经有人赌一块石头里面有玉，3万元买下后刨开发现里面竟然是上等大块白玉，价值超过百万元，轰动整个和田。当然，这样做的风险就是也有很大可能几万元买到一块彻底的顽石。

买提江的妻子每次看到丈夫回来

都不问是否挖到了玉石，虽然她也希望自己家能有好的运气。她只是默默地把买提江带回来的那些石头码好，放在一边。“说不定那石头里面就是玉呢。”买提江总是这样说。

几天之后，终于，买提江下了一个决定。他用衣服裹上那块石头，珍而重之地抱在怀里，搭了一辆三轮车赶去和田市内。这位农民打算赌一下自己的运气，看看从隔壁荒滩上捡来的这块石头究竟内里是否有美玉。

■ 一般的玉石原料经过多道工序加工后，才能成为一块美玉。其中最重要的一个环节是开玉，也就是将玉料外包裹的粗松的石削去。开玉需要有经验的玉工进行，需判断里面的玉含量有多少，在哪个位置，这是普通人无法做到的。

买提江来到一家熟识的玉器加工点，这样的店铺在和田有上百家，工艺和技术也都雷同。买提江这回要借用对方的石头切割机，一种非常笨重的机器，但几分钟之内就可以用其锋利的电锯割开大部分石头，也包括玉石在内。

店家用手电反复查验之后，建议买提江从最边上刨开薄薄一片。这样做的优势很明显，如果里面有的话，不会伤害内里的玉石。

得到同意后，店主开始动手。买提江来回踱着步子，用手指搔着自己的胡须，做着深呼吸。

5分钟之后，随着嘈杂的声音结束，一片石头被割了下来，掉在了地上。买提江咬起了嘴唇，凝视着平滑的横截面。店主用水冲掉石浆，这块石头终于露出了本来的面貌：它表里如一，没有玉。

“祝你下次好运。”店家说。

神秘而浪漫的玉石之路

■ 古代有三个产玉中心：一个是以南方江浙一带的良渚文化为中心，另一个是以北方辽宁一带的红山文化为中心，还有一个就是以西北的昆仑山的和田玉为中心。

早在170多万年前，云南的“元谋猿人”和其后的“蓝田猿人”“北京猿人”，在生产劳动中用石头制成简单粗糙的生产工具，使石头第一个成为人类生活文化文明的奠基石。随着人类劳动实践和物质文明的需要和提高，玉石以它质地细腻、坚硬耐磨、温润纯美等独有的特点，逐渐走上人类历史发展的舞台。这当然是揣测。

中国是世界上最古老的文明古国之一，古老文明的重要标志就是玉和玉器在生产活动中的运用和发展，它无不贯穿、渗透、孕育、影响、铸造了灿烂辉煌的中华民族文化和中华民族精神。距今约七八千年前的新石器时代，从用石头做生产工具逐渐过渡到用玉石做生产工具，从而出现了我国第一个玉器高峰时代，这个时代就是东汉

■ 商周时代的玉环。由于玉石之路的开辟，大量的和田玉向东西方向运送，至商周时代出现了我国第二个玉器高峰时代。

的袁康所称的“玉兵时代”。他在“绝越书”中说：“轩辕、神农、赫胥之时，以石为兵……至黄帝之时，以玉为兵。”这时，人们用当地所产的玉石制成大量的玉器。

当时有三个产玉中心：一个是以南方江浙一带的良渚文化为中心，另一个是以北方辽宁一带的红山文化为中心，还有一个就是以西北的昆仑山的和田玉为中心。据考古证实，这三个中心出土的玉器的矿物成分大都是与和田玉相同的透闪石，如：山西鹅毛口、陕西老倌名、河南仰韶与新疆的吐鲁番、哈密、且末、民丰、和田、于阗及甘肃、宁夏、山东、辽宁、广东、福建、台湾等省市出土的石片、石核、刮削器、刀、铲、斧、锛、凿、管、镯、环中大都是用和田玉制成的，故和田玉孕育了中华文明的起源，这个时代即是中华文明的起源时代。

从新石器时代至商朝，昆仑山下的先民们把美玉向东西方运送，开辟了“古玉石之路”。“古玉石之路”向东由新疆进入甘肃，经宁夏、山西、陕西入河南，向西由新疆进入乌兹别克斯坦到欧亚各国。由于玉石之路的开辟，大量的和田玉向东西方向运送，至商周时代出现了我国第二个玉器高峰时代。最主要的佐证是：传说黄帝、尧、舜之时，居住在昆仑山的西王母（母系社会中，王母实为部族之首领）向他们觐献玉环等。在“穆天子传”里记载：周穆王西巡会见西王母于昆仑，赞昆仑为“唯天下之良山，瑶玉之所

■ 在昆仑山与喜马拉雅山交汇处，也是两大地质板块的交汇点。不断的地质运动和撞击，在板块间巨大的挤压力量和地底岩浆的共同作用下，一种神奇的矿物结构形成了，那就是神奇美妙、独一无二的昆仑玉石。

在……于是取片版三乘，载玉万只而归”。

据《史记》记载，公元前283年前，苏厉给赵惠王的信中说，如秦国攻下山西北部，控制住雁门关一带，昆山之玉不复为赵王所有。元代的维吾尔大诗人马祖常写道：“采玉河青石子，收来东国易桑麻。”这充分证明了比“丝绸之路”还早的“古玉石之路”的存在和繁荣。和田玉是东西方交流的第一媒介，它为东西方的经济繁荣、政治文明、文化交流起着十分重大的作用。

第三个汉朝玉器高峰时代和第四个明清玉器高峰时代，大家都比较明白了，在此就不多赘述。

中华民族的文明史跨越了陆权、海权两个时代。大体上来讲，在中古以前的陆权时代，文明的状态比较稳定，近古以后的海权时代则风雨飘摇。由于从根本颠覆了王朝赖以生存的基石，所以历史上屡次上演的“征服者被征服”再也没有重复，中华民族迎来了“三千年未有之大变局”。

再回到古代。

在陆权时代，中央王朝的目光是向西的。因为东边是难以跨越的万顷波涛，南面则是湿热瘴漫，北方则苦寒荒漠，而这些都导致了欲开拓而不易或简直就不可能。

只好向西，事实也是这样，当王师占据了河西走廊之后，西域也就尘埃落定了。

但征服是双向的，武力征服最终换取的，还是文化的交融。

不能再把昆仑看成是单纯的神话了，实际上昆仑是中华文明的基座。要不是的话，为何黄帝、昊地、伏羲、后羿、螺祖、西王母、女娲均活动于斯？为何昆仑是众神之山？是上苍在人间的下都？为何从《山海经》到《九歌》都离不开昆仑？“登昆仑合食玉英”，又为何是“玉”英呢？

这一切都说明，中华先民的“昆仑情结”肯定还有更深层的原因。那永远迷失的黑暗记忆，或许正是早已湮灭的“集体记忆”，或许这些“集体记忆”已化作了“集体无意识”嵌进了先民的基因，才使后来的歌者顺口就唱出“莽昆仑”！

“昆仑情结”的媒介是玉，任何一位昆仑神的手里都攥着一块温润的玉，以至于女娲补天时竟是集昆仑的玉石炼成了五彩石浆，就连废弃不用的一块石头还化作了“宝玉”降世人间，享受绛珠仙子的“还泪”之爱。可见，在古人眼中昆仑玉的文化地位是如何显赫。

■ 昆仑玉质地细润，淡雅清爽，油性好，透明度高。可分白玉、灰玉、青玉、白带绿、糖包白等。以晶莹圆润、纯洁无瑕、无裂纹、无杂质者为上品。

昆仑很可能是中华民族的祖源地，是中华文明中的神山圣域，所以昆仑玉特别是和田玉独宠于其他玉种也就获得了充分的理由。

完全可以相信，玉石之路早于丝绸之路，因为武力征服的顺序是先进行掠夺再赐予。

古老的玉石之路，串连起中原和西域两大地域而共同铸成中华文明，但迄今为止我们对玉石之路知之甚少，这正是它的神秘之所在。

和田玉在中国古玉器中的地位

■ 汉以前的玉器多是扁平玉片，上加浅浮雕。汉代玉器中高浮雕和圆雕增多了。汉以前的玉器纹饰的制作技术，主要利用细砂研磨成浅浮雕的花饰。汉代由于技术的改进，镂孔花纹和表面细刻线纹增多了。

中国是一个历史悠久、文明灿烂的国家。中国玉器以其7000年的历史，与中国的瓷器和丝绸一样，成为我国古老文化的重要标志之一，素有东方艺术的美称，在全世界都享有很高的盛誉。中国和田玉的开发利用，历史悠久，源远流长。用和田玉制成的玉器，具有浓厚的中国气魄和鲜明的民族特色，是中华民族文化宝库中的珍贵遗产和艺术瑰宝。

和田玉是中国古玉器的主要玉材

通过文献记载及出土玉器的鉴定，对中国古代玉材的使用，大体上归纳为以下四个大的阶段。

1.新石器时代。特点是以内地甚至本地产彩石作为玉器原料，主要以北方的红山文化、南方的良渚文化、台湾的卑南文化为代表，主要的玉料有石英岩、硅质岩、透闪石岩、蛇纹石岩等。

2. 从商代晚期到战国时期，新疆产的和田玉和内地产的彩石并存，和田玉的数量渐呈上升趋势。最迟到商代，玉材的使用情况发生了重大变化。据安阳殷墟妇好墓、江西新干商代大墓等处出土玉器的鉴定得知，已有相当一部分玉料来自新疆和田，这时距汉武帝派张骞出使西域还有千年之久，距今3000多年以前就开始把玉从新疆运入内地。有学者推测，早在丝绸之路向西开通之前，就已经有一条由新疆向内地运输玉石的玉石之路。

3. 汉代到明代玉材以和田玉为主。到西汉中期，中原王朝和西域的交通畅通无阻，和田玉被源源不断地运进内地。在各种玉材中，和田玉的质地、颜色都是其他彩石所无法比拟的，所以自从和田玉进入内地后，不但渐渐排挤了彩石，在各种玉石中也超群绝论。汉代的诸侯王墓中出土的许多玉器，如河北满城刘胜墓、安徽淮南王墓等，据鉴定多为和田玉。而民间用玉则大部分为独山玉和岫玉。从秦汉以后几大玉材产地比较来看，就质量而言，和田玉最好，其次是独山玉；而就产量而言，情况刚好相反，和田玉最少，这也是其珍贵的原因所在。

■ 良渚文化为中国新石器文化遗址之一，分布地点在长江下游的太湖地区，其中心在浙江省良渚。良渚文化存续期间约为距今5300年至4200年前，属于新石器时代，该文化遗址最大特色是所出土的玉器。

4. 清代和田玉占垄断地位。直到清末，随着翡翠的大量涌入，和田玉才渐渐变少。器重和田玉的风气一直延续到清代，尤其乾隆皇帝不惜巨资从新疆购进和田玉到内地琢制玉器，如现藏于故宫乐寿堂的“大禹治水图”玉山子，就是从新疆运往扬州进行琢

制后又运回京城的玉器珍品。目前，和田玉仍是现代玉器的重要原料，优质白玉料仍是供不应求。目前和田玉的开发，在国家领导下有组织和有计划地进行。新疆设立了管理玉石的机构，在于田、且末、玛纳斯等地建立了玉石矿山，在和田、喀什、且末等地设置了玉石收购站，使和田玉产量扩大。玉石销售到全国十几个省市，地区。

和田玉的颜色

和田玉是各种玉石中的佼佼者，以它特有的玉色，倍受人们珍视。首先，和田玉的颜色同国内外其他地区软玉相比，色调较多，自成系列；其次，和田玉有世界罕有的白玉，尤以色如羊脂的白玉为和田玉所特有，极为名贵；再次，和田玉有皮色。世界上不少玉石都带有皮色，但不如和田玉皮色美丽。

■ 和田玉以温润或油性为第一特征。这样就区别开来是不是新疆和田玉。其他的玉温润和油性都不能与新疆和田玉相比。在清代以前多以黄玉、白玉为主。其中黄玉非常漂亮，其实不亚于羊脂玉，我们应该给以黄玉正身。

中国古代对和田玉的颜色非常重视，它不仅是质量的重要标志，而且被赋予一定的意识形态内涵。古人可能受五行说的影响，依四方和中央分配五色玉，东方为青，南方为赤，西方为白，北方为黑，中央为黄。古代以青、赤、黄、白、黑五色为正色，其他为间色，从而将玉也分为五色。但和田玉实际上只有白、青、墨、黄四种主色。另外，在昆仑山和阿尔金山地区还产碧玉。

1. 白玉：由白色至青白色，乃至灰白色，其中以白色为最好。其名称有羊脂白、梨花白、象牙白、鱼肚白、鱼骨白、糙米白、鸡骨白等，其中羊脂白玉为和田玉独有。羊脂白玉数量甚少，价值很高。和田白玉多数为一般白玉。白玉要白而温润，白而不润，便是死白，绝不是上等好玉。

■ 碧玉为一种含杂质较多的玉髓，不透明，颜色多呈暗红色、绿色或杂色。按颜色命名可称红碧玉、绿碧玉等。有时也可按特殊花纹和色斑进行命名，如风景碧玉和血滴石。

2. 青玉：最为常见，从淡青色到闪绿的深青色。青玉是软玉中最硬的，但颜色不如白玉美，价值较白玉低。

3. 黄玉：由淡黄、甘黄至黄闪绿色。其名称有蜜腊黄、粟色黄、秋葵黄、黄花黄、鸡蛋黄、米色黄、黄杨黄等，罕见者为蒸粟黄、蜜蜡黄。黄玉的颜色一般比较淡，黄色鲜艳、浓艳的极为罕见，优质黄玉不次于羊脂白玉。

4. 墨玉：由黑色到淡黑色，其黑色分布或为点状，或为云雾状，成为纯黑，其名称有乌云片、淡墨光、金貂须、夫人鬓、纯漆黑等。在整块玉料中黑色有深有淡，其中墨玉的黑色是由微鳞片状石墨引起的。

5. 碧玉：呈绿至暗绿色，有时可见黑色斑点，其绿有鹦哥绿、松花绿、白果绿等，尤其以色润如菠菜者为上品，绿中带灰为下品。上好的碧玉色如翡翠，古代妇女常以碧玉作头饰，“碧玉簪”的故事就是生动的一例。

总之，在和田玉中，白玉最为珍贵，白玉中最佳者为羊脂白玉，是玉中上品。羊脂白玉的特点是白、透、细、润。由于黄玉出产甚少，故色纯细润的鸡油黄，其身价不在白玉之下。

以和田玉为玉材的玉器是玉文化的主要载体

玉器已伴随中华民族走过了至少7000年的历史。在这漫长的岁月中，玉器作为一种罕有的器物，具有旺盛的生命力，它与历史上的许多其他器物不一样，如新石器时代的陶器、石器，商周时期的青铜器，魏晋以后的瓷器等，都由于人类的进步和文化的嬗变，渐渐衰落或被其他东西所取代而退出历史舞台。中国人对玉有着特殊的偏爱，许多人从未接触过玉器，第一次看到玉，不管这块玉的质量如何，都会从内心深处产生一种特殊的情感。玉器能为不同文化、不同民族和不同时期的人们所接受，可见其魅力所在。

■ 古代举行朝仪时天子所执的玉制礼器。以四镇之山为雕饰，取安定四方之义，故称。《周礼·春官·大宗伯》：“以玉作六瑞，以等邦国。王执镇圭。”另外，也比喻行为的规范。

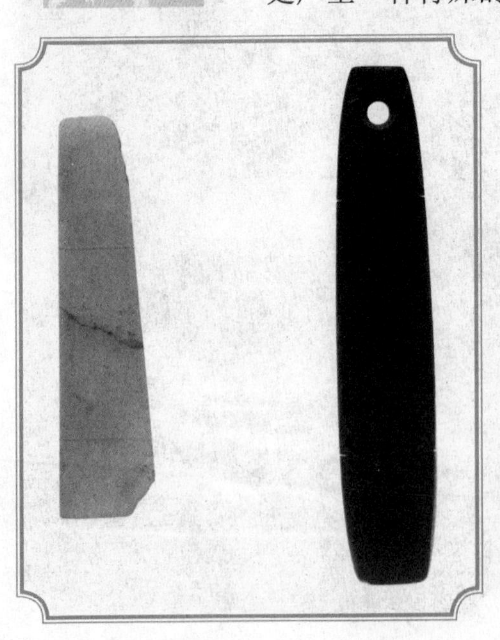

1. 政治身价。玉器刚刚出现之时，只是作为生产工具和原始装饰品。随着生产的发展，产生了贫富分化，导致了阶级的产生和国家的出现，等级观念也随之产生。慢慢地这种产量稀少、美丽耐久的玉器就成为统治阶级专门享有的器物，并被赋予了特殊的意义。作为政治等级制度的规范，在春秋战国时期玉器的使用就有了详细的记载，如

“六瑞”的使用规定为：王执镇圭，公执桓圭，侯执信圭，伯执躬圭，子执谷璧，男执蒲璧。这些规范是以玉器的形制和尺寸来区分的，镇圭最大，桓圭次之，信圭再次之，地位最低的男爵则用具有蒲纹的璧形玉器。秦以后，玉玺成了君权的象征。以玉为玺的制度，一直沿袭到清代，乾隆皇帝的宝玺，大多为玉制。玉玺如此，玉带也有级别规定，唐代就明确规定了官员用玉带的制度。

《新唐书·车服志》中记载了“以紫为三品之服，金玉带挎十三；绯为四品之服，金带挎十一；浅绯为五品之服，金带挎十一”。可见，从原始社会末期至清代，某些玉器一直是作为政治等级制度的重要标志器物。

■ 玉被赋予如此丰富的道德内涵，因而君子必须佩带它，而且佩带以后，君子走路时就势必温文尔雅。玉佩只有在不快不慢、富有节奏的步伐下，才会发出悦耳动听的声音，这声音不仅集中君子的注意力，同时也说明君子来去光明正大，从不偷看偷听别人的言行。

2. 道德赋予。玉文化从产生之时，就用玉赋予了道德观，所谓“君子比德于玉，君子佩玉”等都是对玉进行人格化。玉的道德内涵在西周初年就已产生，从那时起，发展了一整套用玉道德观，将其理念化、系统化是在孔子创立儒家学说以后，儒家的用玉观一直贯穿了整个中国封建社会，深深根植于人们的头脑中。儒家道德以其涵盖仁、义、礼、智、信而驰名中外。

玉道德便以其为本，象征着伦理观念中高尚品德和情操。在这当中，就有很多古代劳动人民创造出来与玉有关的字，多表示美好、崇高的意思。例如，经

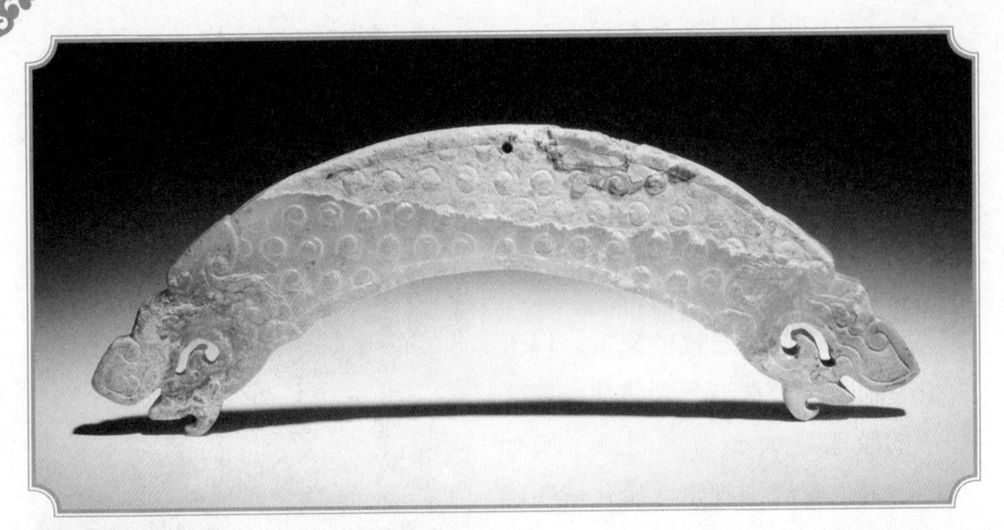

■ 玉璜，最早出现于新石器时代，一般是佩戴于胸颈部的装饰品，具有象征身份地位的作用。到了商周以后，璜开始成为重要的礼器。

常有人用“宁为玉碎，不为瓦全”来比喻某人高尚的情操和凛然气节。中华民族对玉的偏爱、宣传、推崇，被思想家理念化后，具有顽强的生命力，历代统治阶级都加以利用。玉的道德和人格化，广泛被民众所接受，是玉器长盛不衰的一个重要原因。

3.经济价值。玉器的经济价值是不言而喻的。玉器作为财富的标志，早在原始社会的良渚文化、红山文化中就有表现。大型的墓葬中，作为陪葬的玉器就有几十件甚至上百件，可见墓主是有权有势、财富万贯的首领。到奴隶社会，这种现象更加明显，著名的安阳殷墟妇好墓、江西新干大墓等商代贵族和方国墓葬中，葬玉更是丰富，表明大的奴隶主、贵族拥有贵重的玉器。到汉代，葬玉之风更加兴盛，著名的金缕玉衣、银缕玉衣、铜缕玉衣就出自于此。另外，最能表明玉器的经济价值的是商代的玉币，用玉做成贝形币，作为商品交换的凭证，同时也有用玉直接交换或进贡的礼品。到了明清以后，玉器商品以成为一种行业，进行买卖交易。

4. 礼仪功能。礼仪用玉一直占中国玉器的主流，从新石器时代晚期起，许多玉器如琮、璜、璧等，就一直被人们作为礼仪用器。早在5000年前，中国刚跨入文明门槛时，玉器的礼仪功能就已表现出来。良渚文化的玉璧，龙山文化的人面纹玉铲，二里头文化中的牙璋，都是纯粹的礼仪用器。在稍晚的时代，一些玉兵器也作为仪仗用器。有名的“六瑞”，既是政治等级制度的标志，又是礼制的具体体现。“以苍璧礼天，以黄琮礼地，以青圭礼东方，以赤璋礼南方，以白琥礼西方，以玄璜礼北方”，其中的璧、琮、圭、璋、琥、璜合称为六器。六瑞和六器是封建社会礼仪用玉的主干。直到元代，皇宫举行祭祀大典时，还用了圭璧、黄琮、青圭、赤璋、白琥、玄璜，明代帝王陵十三陵中也出土有圭等礼器。在山西侯马的春秋盟誓遗址中，发现了大量的圭、璜一类器物，应该是结盟仪式用的礼器。

■ 先民们对鸟情有独钟的最好体现，也是原始时期关于鸟崇拜方面最好的事例。在世界各地的一些原始部族，一般多有自己的崇拜图腾，图腾即是崇拜的对象，也是部族的保护神。河姆渡文化与良渚文化的鸟的崇拜，应已达到了图腾的地位。

5. 宗教用器。新石器时代的原始宗教中，就用玉器作为沟通神和人的法器。当时由于生产力水平低下，人们征服自然和疾病的能力很弱，对自然界许多怪现象无法理解，于是对自然界许多现象和生与死有了超越人生、社会和自然的理解，产生了崇拜祖先的图腾文化，如崇拜母性的女性崇拜，崇拜生育的生殖崇拜等等。红

山文化中的玉龙就是该部落的图腾形象；良渚文化中的人兽图案，也属于部落图腾。中国的道家用玉作为法器也不乏记载。佛教传入中国以后，玉造佛像在唐宋以后一直颇为流行。今天，在北京、四川等地的著名寺院都还供奉着清代从缅甸传来的玉佛像，有的还成了镇宅之宝，它们一尘不染的高贵品德，与佛性相通，充分利用了中华民族爱玉传统。

6. 佩饰和玩赏。是玉器的最初功能之一，也是玉器最广泛的用途。“古之君子必佩玉”，“君子无故，玉不去身”。在古代，它不是简单的装饰，还表明了身份、风气，可以起到联络感情和语言交流的作用。

■ 玉乃是吉祥之饰物。玉是一种有灵气的宝物，一块上好的玉件能给人带来好运，趋吉避凶，佩玉石可养生，身上佩玉可防疾病，佩玉则百邪不侵。

从新石器时代起，东北的新乐文化，华北的裴李岗文化，江南的河姆渡文化中，都发现有玉制饰件，如环、坠等。商代国王武丁配偶妇好之墓出土的700多件玉器，相当部分是佩饰用的穿孔玉器。春秋时，君子佩玉、年轻女子佩玉之风十分盛行，青年男女还互赠佩玉作为信物。佩玉成为一种社会时尚，历数千

年而不衰。隋唐之后，作为佩饰的玉器在品种上有了大的变化，主要作为耳、腕、手和头饰。作为观赏玩物的玉器，商周以来就有许多，小的圆雕作品大多为玩赏品。唐宋以后，作为陈列的玩赏玉器，如仿古玉礼器、瓶、炉、壶、山子、人物、动物等等，占据了玉器的主要地位。

玉的文化内涵不是以上几个方面可以概括的。作为文物的玉器，它还是历史的载体和见证，有不可复制的唯一性，更为当今世人所器重。玉器从简单的生产工具到作为美化生活的装饰品，融进各种礼制内容、伦理道德，成为财富的象征，宗教图腾的崇拜……这些无不是玉器从某些侧面折射出中国传统文化和中华民族喜玉爱玉的心理。

总之，软玉作为中国玉器的代表玉材，记载了中国传统的玉文化，在中国古代玉器中占有举足轻重的地位。在弘扬中国传统玉文化的同时，应加强对和田玉的研究和开发，在设计制作和田玉玉器的时候，一定要发挥古代玉器的传统，同时结合现代工艺技术，在反映玉质美的基础上，重视造型的典雅和风格，使中国东方艺术中这朵玉器奇葩开放得更加娇艳美丽。

■ 我国的和田玉文化与钻石、红宝石、蓝宝石、祖母绿、翡翠五大宝石都具备了宝石的三个物质资本属性的条件，并又都经过了几个历史阶段的文化价值承载，因此，和田玉文化价值必定得到世界的认可。

迷失的玉石之路

早在丝绸之路之前，和田的玉石之路已横跨在西域与中原之间。我国边疆与中原、东方与西方的文化与商贸交流的第一个媒介，既不是丝绸，也不是瓷器，而是和田玉。可以说，和田玉是东西方经济文化交流的开路先锋。

■ 原始的和田玉制作工艺不比现代工艺，难度很大，一不小心，一块和田玉就废了。这就要掌握较高的雕刻技法，同时还要具备良好的心态，不可急于求成。

今天，那条隐藏于西域和中原之间的玉石之路重新出现在人们面前，但它早已改变了原有的目的，也丧失了原有的文化背景。玉龙喀什河疯狂的采挖，人们对于和田玉的狂热，或是拍卖场上天价数字都已被人们习以为常。玉石之路也在成千上亿的金钱与人们暴富的梦想中逐渐消失。

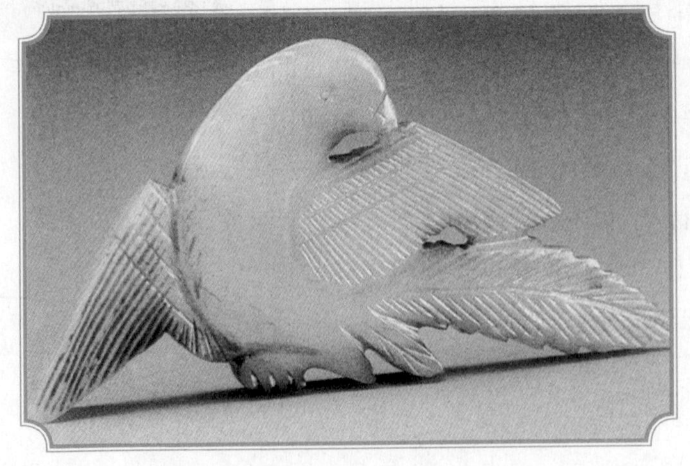

玉石之路的最后守候者

几千年来，和田——这座沙漠旁边的城市，从没有像

现在这样热闹。如今，想在和田市寻找和田玉器制作是件非常方便的事，那些玉器厂像玉龙喀什河上的捡玉人一样多。但传统的玉石匠人还有吗？当我向伊力其村长肉孜说明我想寻找传统和田玉制作匠人时，他沉默了很久，之后笑着说带我去那依浦家。

■ 在举世闻名的丝绸之路诞生之前，我国西域已经有一条沟通东西往来的大道，即“玉石之路”，传递的主要物品是和阗玉。这条“玉石之路”，把和阗玉不断地传送入中国各地，流传到中亚、欧洲。这条道路同丝绸之路一样，在我国古代史上闪耀着文明的光辉。

那依浦老人沉默地接待了我们，他话不多，一脸严肃的表情，只有我向他询问时他才用最简单的语句来回答我的问题。那依浦的玉器相比市场中的很多玉器来看，工艺相对粗糙，也没有精美图案。在他简单的工作室中，他向我演示着玉石制作的工艺流程。所有的工具都是最原始的，相对于现在的机器制作，无论在产量还是精美程度上都相差很多，但这就是和田玉最原始的制作方式，已经流传了成百上千年。与和田玉打了一辈子交道，那依浦身上似乎弥漫着一种和田玉的芳香，这是千百年玉石文化所发酵的味道。

那依浦的儿子艾尔肯现在从事一些简单的玉石交易工作，同时在学习父亲的手艺。那依浦父子是伊力其唯一的和田玉制作世家。艾尔肯与他父亲的性格不同，从事贸易工作的他比父亲健谈很多。他告诉我不要小瞧他父亲的手艺，这种原始的和田玉制作工艺不比现代工艺，难度很大，一不小心，一块和田玉就废了。我说既然安全系数大，又不方便，为什么不用现代工艺？艾尔肯摇摇头吸着莫合烟说，不一样的。他

■ 和田玉器经过千年的持续发展，经过礼学家的诠释美化，最后成为一种具有超自然力的物品，成为人生不可缺少的精神寄托。

眯着眼，说不出这种“不一样”在哪里，但他肯定是“不一样”。

近几年，飞涨的和田玉并没有为那依浦父子带来更多的收益。艾尔肯说，谁也不明白，和田玉为什么会在几年之间变得这样疯狂。如今，和田玉不一样了，这里的人也不一样了。暴利时代的来临，改变得太多，套用和田玉界的一句话：“这是和田玉最好的时代，也是最坏的时代。”艾尔肯带着我在村外的一个玉石市场闲逛。他说，其实和田玉的产量很低，但现在到处都是和田玉，就像土豆一样随处可买。以前哪里听说过假玉这个词，但现在想买块真正的和田玉都变得很难了。和田玉造假的技术早已领先父亲传统的工艺很多年了，艾尔肯笑着说。

玉石文化对于中国人来说是不用解释的，它早已融入到中国人的血脉之中。和田玉器经过千年的持续发展，经过无数能工巧匠的精雕细琢，经过历代帝王和贵族的使用赏玩，经过礼学家的诠释美化，最后成为一种具有超自然力的物品，成为人生不可缺少的精神寄托。在结束了封建王朝的统治后，这种神化的程度更加飞度发展，到今天达到了从未有过的高度。

和田玉是什么？答案在与和田玉打了一辈子交道的那依浦看来非常简单，就是漂亮的石头，可以打造成饰品的石头。与汉族不同的是，维吾尔玉石文化中并没有加入更多的宗教、神话色彩，所以，在维吾尔文化中和田玉只是漂亮的石头。造物主让汉民族痴迷于和田玉，却让和田玉产生于和田。或许造物主的一番心意就是让和田玉承担两大文化区域的交流。那依浦说，以前不管谁家捡了和田玉就来找他，付点钱打造成简单的手饰而已，那时大家也没有那么讲究，所谓的羊脂玉、青玉、黄玉等都是各有所爱。在和田玉的热潮中，那依浦的生意并没有更好，反而还不如以前了。现在谁家有了和田玉都不会再来找那依浦了，都想着能够卖个天价，一夜暴富。

无论和田玉发生了怎样的变化，那依浦还是那个固执的玉石匠人。深夜十点，那依浦依然会在自己的玉石作坊中忙碌着，昏黄的灯光漂流在狭小的房屋中。那依浦不是玉雕大师，他也没想通过和田玉获得名利，只是某种情节，祖辈传下来的手艺不能在他这一代失传。那依浦知道自己的手艺即将被淘汰，但他依然坚持让儿子艾尔肯学习自己的手艺，不是为了让艾尔肯以此为生，或许只是希望尽到自己对于和田玉最后的责任。作为玉石之路最后的守候者，那依浦的生命本身就与和田玉相互纠缠在一起，很难说是那依浦在雕琢和田玉，还是和田玉在雕琢那依浦的人生。

■ 和田玉在玉石之路中是一种象征性的载体，它更多地代表了不同文化、不同肤色之间的交流与理解。

哭泣的玉龙喀什河

早期的玉石之路是沟通中西贸易和文化交流的重要通道，它以于阗国为中心，向东西两翼运出玉石：沿河西走廊或漠北大草原向东渐进到中原地区，向西最远到巴格达。和田玉在玉石之路

中是一种象征性的载体，它更多地代表了不同文化、不同肤色之间的交流与理解，代替了旷日持久的征战，不同民族之间的仇恨，让人们对和田玉之美有了一种共同的认识。

如今，玉石之路依然连接着和田与内地，但这条路所承载的意义已与3000年前的玉石之路不可同日而语了。

玉石交易，和盐、铁一样，过去一直受国家控制。现在，在玉石集贸市场上看到的兴旺场面，也就是近百年来的事情。特别是近几年，和田玉器每年都有近50%的销售量增长，各种品质的玉器价格也逐年攀升。以羊脂玉为例，1990年1公斤顶极羊脂玉价格只有180元人民币；15年后，1公斤顶级羊脂玉的价格则达到了50万元。15年间里，价格涨了两千多倍。艾尔肯站在玉龙喀什河畔指着那些在河滩中捡玉的人说，这里有很多人都是他们村的，都想靠和田玉来发财。如今，和田市除了挖玉的就是卖玉的，有的乡70%的人都从事与和田玉有关的工作。在和田市的大街上经常可以看到豪华的轿车和高档的越野车，谁能想到几年前这儿还是个依靠国家救济的贫困地区呢？

■ 新疆和田玉（白玉）籽料矿藏本身就很稀少，尤其是新疆和田玉羊脂级（白玉）籽料更是稀少珍贵，加上采挖了几千年，尤其我国实行市场经济而使得新疆和田玉籽料的开采近乎疯狂，玉的价值也直线上升。

在和田玉还没有完全被现代人“认识”的时候，流淌着无数神话和希望的玉龙喀什河显得很清静，当地百姓和过往行人在河床表面的乱石中挑上几块，只是想碰碰运气看是不是玉石，并没有人舍得投资挖河床找玉石。而随着近年来新

富阶层的崛起与“黄金有价，玉无价”的市场需求，和田玉身价倍增，成为品位与财富的象征。金钱蜂拥而入，传统古老的生活方式和古朴的信仰都在瞬间消逝，和田玉在和田成为了人们欲望的承载品。

玉龙喀什河是和田的母亲河，千百年来养育着和田人，也塑造着和田文明。然而在暴利时代，在人们欲望的驱使下追求更多利益的时候，没有谁能听到母亲河的哭泣。历史上维吾尔人采玉主要是从河中拣或捞仔玉。古代捞玉有一套严格的制度，人们对和田玉奉若珍宝，每次采玉前于阗国国王会亲临现场，象征“捞玉于河”以示虔诚。民间捞玉有很多类似神话或巫术的讲法，比如说“月光盛处有美玉”，是说美玉会反射月亮的光晕，其实和田玉反射率并不大。和田古时更有年轻少女裸体下河采玉，玉是美的，少女的躯体也是美的，这种美美相吸的观念，这种浪漫的、带有传统文化的采玉方式如今早已被大型挖掘机所替代。历经亿万年积累起来的厚达3至10米左右的古河床卵石层，早已被翻了个底朝天。翻拣过的卵石被遗弃到沟渠里，除了机器的轰鸣和拣玉人的身影，这里几乎看不见一丝其他生命的迹象……

■ 民间捞玉，清代前期严禁。为阻止民众自行捞玉，清政府在“和阗西城外之东西河共设卡伦12处，专为稽查采玉回民”。直到1799年才开玉禁，规定在官家采玉之后或官家采玉范围之外进行，人们在白天或晚上分散拣玉或捞玉。

被戕害的玉石之路

“守身如玉”“冰清玉洁”“宁为玉碎”……玉石文化自诞生之日便与中国人的人格之美紧密联系在一起。而如今，玉石之乡和田被大批的采玉工、商人、双眼火红的赌玉人甚至骗子所充斥，这个和田玉

火红的年代却掩盖了和田玉的本质。人们不再去关注玉石之路或是玉文化本身，他们只在乎其背后的利益，就像没有人会再去关注那依浦古老的和田玉制作工艺一样。

■ 和田玉主要产自新疆的玉龙喀什河，如今已经基本没有和田玉了，这条以和田玉闻名的河流逐渐淡出人们的视野。玉龙喀什河源于昆仑山，河里盛产白玉、青玉和墨玉，自古以来是和田出玉的主要河流。

伊力其乡是一座在树林中的村落，两旁的核桃树散发着一种特殊的香气。家家户户的大门口都放着一堆码得齐齐整整的石头，有黑色的，有白色的，更多的是绿色。那依浦告诉我，这石头就像是商店的招牌，说明这里有玉石可卖。那依浦坐在核桃树下，斑驳的阳光透过树叶落在他的脸上。与和田玉打了一辈子交道的那依浦现在很不喜欢和田玉，在他眼里，和田玉改变了这里的人们千百年的传统与生活轨迹。最初，村里有年轻人贩卖和田玉发了财，人们这才发现很平常的和田玉竟然蕴藏着如此的财富。可想而知，之后和田玉像大麻一样刺激着人们的神经。各种各样的说法开始四处流传，各种关于因和田玉而暴富的故事成为了人们最爱听的故事。很多人，放下农活前往玉龙喀什河寻找那个飘渺的梦想，很多孩子也去捡玉，离开了学校。

上世纪80年代，这里没有柏油马路，都是石子土路，在那些石子中就可以找到和田玉。那个年代，人们到玉龙喀什河捡一块玉送到玉石匠人手中打造一块玉石就足够了，没有人会向玉龙喀什河索要更多。如今，这些都只会永远在存在于那依浦的记忆之中了。

如今，玉龙喀什河已经基本没有和田玉了，这条以和田玉闻名的河流逐渐淡出人们的视野。那么，哪里还有和田玉？艾尔肯说昆仑山里有很多玉，很多好玉，但前提是能活着回来。玉石山料分布在海拔3500米至5000米的昆仑雪山之巅，山道险阻，高寒缺氧，几乎没有路，驴能去的地方玉石就用驴驮，驴不能去的地方玉石就用人扛。山路陡峭得吓人，稍不留神驮着玉石的驴就会跌入深谷，为玉石而粉身碎骨。《太平御览》记载："取玉最难，越三江五湖至昆仑之山，千人往，百人返，百人往，十人返。"即使如此，上山采玉探宝者依然纷至沓来。人们只愿流传某人从昆仑山中采到名贵的羊脂玉，没有人愿意说某人消失在昆仑山中。然而，在和田市西郊，有一片荒凉空旷的坟地，埋藏的就是摔死的采玉工……

■ 昆仑玉又称青海玉，属于软玉。青海软玉与和田玉在物质组合、产状、结构构造特征上基本相同。只是在产出特征、结构、物性的某些方面与和田产软玉略有区别。玉质与辽宁岫玉很相似，但透明度较差。

没有谁去想和田玉采完之后会怎样，也没有人关注采玉对于环境的破坏，在疯狂的利益之下，人们马不停蹄。相比3000年前的玉石之路，很难形容现在的和田玉。或许这场热潮过后人们可以回归到正常的生活中，或许有一天和田又会找回它自己，或许那依浦的和田玉制作能够永远流传下去……

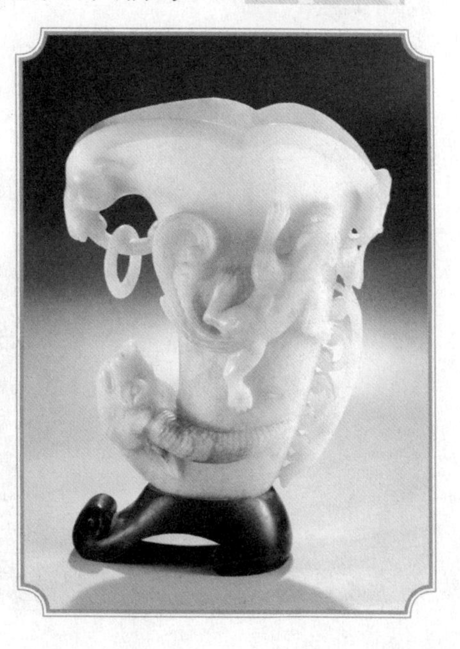

和田玉的变迁在那依浦平静的脸庞上看不到丝毫变化，但我从那依浦简短的话语间感受到一种无奈的忧伤。临走时，那依浦送了我一个和田玉镯。他一改往日的严肃，笑着说不值钱的，但我在这个玉镯中看到了古老的玉石之路……

羊脂白玉

■ 羊脂白玉是和田玉中的宝石级材料，是白玉中质纯色白的极品。羊脂白玉对着日光灯，所呈现的是纯白半透明状，而且带有粉粉的雾感。而一般的白玉，对着日光灯虽也呈半透明状，但表面没有一层粉雾感。

羊脂白玉：不一定越白越好，收藏要懂行

古玉，以其精湛的制作技艺、优美的造型、瑰丽的色彩闻名于世。其中，羊脂白玉则以其非常洁白、质地细腻、光泽滋润、状如凝脂等特点，被称为软玉中的上品，极其珍贵。自从20世纪90年代开始，羊脂白玉的价格一路飙升。近年来，单是籽料的价格就高得惊人，动辄三五十万元一公斤，多则要花上一二百万元。对于广大藏家来讲，一味跟风毕竟不是长久之计。多些深入的了解，听听他家直言，做到理智的收藏才是王道。

羊脂白玉不一定越“白”越好

“羊脂白玉不一定越白越好。”中国古玉器研究会秘书长钟林元对于当下玉器收藏中一味追“白”的趋势提出了质疑，“所谓羊脂白玉，就是人们对和田玉中极品的比喻，再加之和田玉每块的颜色温润程度都不完全一样，故所谓的羊脂白玉就永远不可

能用一个公式化的固定标准来科学地测定。”

我们都知道，羊脂白玉是和田玉中的宝石级材料，是白玉中质纯色白的极品，具备最佳光泽和质地，表现为：温润坚密、莹透纯净、洁白无瑕、如同凝脂，故得此名。已故我国著名考古专家夏鼐先生也曾在文章中称：“汉代玉器材料……乳白色的羊脂玉大量增加。”可老先生的意思并非给羊脂玉定了白色的性，更没有表示出此玉越白，价格越高的关系。

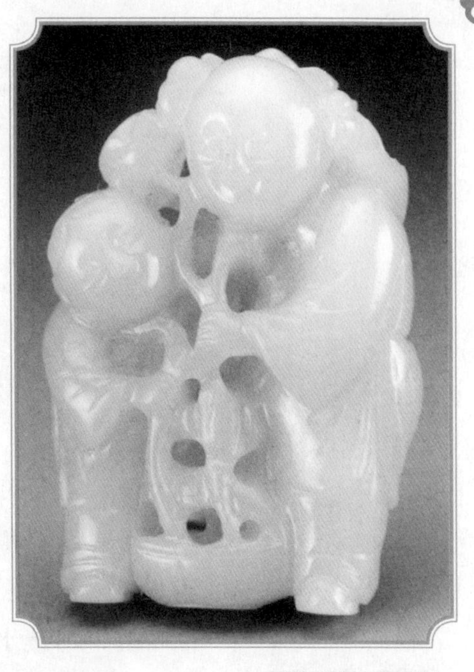

■ 羊脂白玉一般只存在新疆和田的籽玉、山流水和于田县戚家坑的山料之中。符合苛刻标准的珍稀名贵的羊脂玉，是绝对容不下丝毫杂质的。

业界许多人士就认为羊脂白不是纯白，而是带有油脂光泽的白。在白色中有的可透出微微的黄色，质地差的也可在白色里透出微微的浅灰色调。而现如今人们一味向“白色”看齐的做法，显然是对羊脂白玉的误解。

钟林元提到，其实羊脂白玉只是现在人们的叫法，以前只是叫羊脂玉。这个“白”字是人们后加上的，带有了太多主观的色彩。因此过分看重颜色，也大大误导了人们的收藏观。他打了个比方：“假如以我们吃的羊油的油脂和白度为标准的话，那么天下可能就只有一块羊脂白玉了。因为，羊油只有一个白度和一个油性，所以我们不能强求。应该严肃地否定当前社会上对于羊脂玉的一种流行说法和取舍的标准。”

同时，钟林元还表示，由于人们对于颜色的判定标准不同，因此到底是不是够“白”也没有标准。他曾经在故宫博物院看到颜色很白的和田玉，可是专家把其归为青玉。而有一块看着是青色的古玉则被列入了白玉。由此，他建议广大藏家切莫把羊脂白玉“越白越好”的说法看成是真理。如果只强调白，而忽略了质地，那么像大理石、石英石等很多相当白的石头就成了玉了。

■ “皇后之玺”玉印为西汉时期的文物，1968年出土于陕西省咸阳市韩家湾狼家沟村。现收藏于陕西历史博物馆。此玉玺是以新疆和田羊脂白玉雕成。玉色晶莹润泽，坚硬致密，无任何受沁现象。

注意识别和田玉产地

钟林元特别强调，羊脂白玉一般只存在新疆和田的籽玉、山流水和于田县戚家坑的山料之中，其他地方所产的玉料中基本都不具备羊脂白玉的条件。这就是“和田玉”珍贵的地方。

钟林元说，羊脂白玉自古以来人们极为重视，但存世极罕，是玉中极品，价格非常贵。白玉不但象征纯洁、高尚、温润，而且象征吉祥、安谧。古人所谓：“温润，仁也！”在古代，帝后才有资格佩上等白玉。如已被国家定为“国宝”的西汉“皇后之玺”就是利用晶莹无瑕的羊脂白籽玉料雕琢而成的。

可目前市场上，特别是新疆市场上出现的一种怪现象，就是遍地都是羊脂白玉，要找羊脂白玉随手可得！其实，好多和田玉用的不是那些特别产地的玉料，大多用俄罗斯玉和青海玉替代，而且在市场上大量存在，炙手可热。钟林元说，这是误导消费，商家试图模糊俄罗斯玉和新疆和田玉的区别，藏家应该注意识别。

至于如何解决这个问题，钟先生称有关部门应统一标准，要求市面上的羊脂白玉注明玉料产地，如和田羊脂白玉、俄罗斯羊脂玉等。

文化为羊脂白玉持续加价

目前，羊脂白玉价格是不是太高了？到底还有多大的升值空间？自古道，“黄金有价玉无价”。所以，和田玉的价格主要还取决于以下三点：一是市场；二是产量；三就是人们的文化生活。

■ 羊脂白不是纯白，而是带有油脂光泽的白，在白色中有的可透出微微的黄色，质地差的也可在白色里透出微微的浅灰色调。

“古玉的文化价值是我们平时最容易忽视的。需求是随着人们的逐步了解而增长的，人们了解的越多，需求越多。强烈的需求反过来会刺激市场的扩大。”钟林元表示，在漫长的历史时期中，中国人形成了崇尚玉器的传统，有一套丰富的传统玉文化体系，这一点对自古以来声名显赫的和田玉，特别是和田玉中的佼佼者——羊脂白玉价值的急剧上升，起到了推波助澜的作用。

古人认为的玉石之“德”中有“天下莫不贵者，道也”的说法。意思是普天之下都将其尊为瑰宝，已经是不以人的意志为转移的规律。“言念君子，温其如玉。故君子贵之也”，温润的玉石也恰是对白玉或羊脂白玉的形容。古人关于玉有“五德”“九德”“十一德”的种种论述，更将玉石的人文内涵提高到了一种神圣的地步。

新疆和田的"羊脂玉"，它的颜色洁白，质地细腻，结构致密，坚而不脆。我国民间认为佩戴玉器既起到装饰作用又能达到健身效果，还有"长寿、平安、吉祥"之寓意。

古人将玉石的品质、色彩对应上了人品、文化内涵，如今众多藏家跟风势头也很严重，往往容易头脑发热。比如，近年来很多藏友痴迷于羊脂白玉籽料美妙的皮色，如砖瓦红、橘黄皮等。于是对一些新玉进行"做皮"使其具有古玉一般的颜色，也成了市场"坑蒙拐骗"的一大手法。

钟林元说："古玉长期通过人手把玩，其皮子固然是很好的，色泽固然是特别温润的。而且它经历了如此久远的历史积淀，其文化内涵不是新玉能比的。"但这些"皮色"要看长在什么地方、什么料质上。如果一块好的羊脂白玉加上好的皮子则是锦上添花，增加它的稀有性。可现在市场上有90%以上的籽料皮子都是人为添染上去的，不但不能为原玉增值，反而容易毁了玉本身的特性。

据了解，羊脂白玉从1992年的价格为100元一公斤涨到现在的30万元、50万元，甚至100万元、200万元一公斤。从过去以公斤计价，到现在的以块计价、以克计价，短短的十几年中，价格翻了数千倍。对于令人咋舌的涨势，钟林元却表示羊脂白玉现在的价格离涨到头还远着呢。

羊脂玉是什么

羊脂白玉又称“白玉”“羊脂玉”，为软玉中之上品，极为珍贵。羊脂白玉是一种角闪玉，为白玉之最。顾名思义，羊脂白玉，首先肯定是白色的，好似白色的羊脂（俗称羊油），如果带有别色，那就不是羊脂白玉了。白色略带粉红色者，有人称“羊脂玉”，这一点并没有取得玉器专家、学者的共识；有的称其为“粉玉”。羊脂白玉中主要含有透闪石（95%）、阳起石和绿帘石，非常洁白，质地细腻，光泽滋润，状如凝脂。古传“白璧无瑕”即指白玉。

■ 羊脂白玉一般只出产于新疆，就是和田的籽玉、山流水和于田县戚家坑的山料之中，其他地方所产的玉料中基本都不具备羊脂白玉的条件。这就是“和田玉”珍贵的地方。

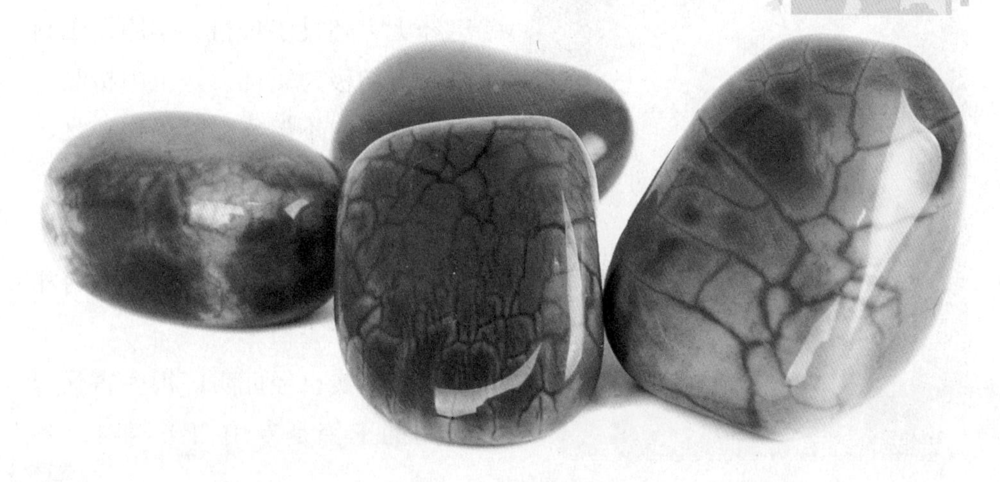

羊脂白玉是和田玉中的宝石级材料，是白玉中质纯色白的极品，具备最佳光泽和质地，表现为：温润坚密、莹透纯净、洁白无瑕、如同凝脂，故名。对于此玉和普通白玉，最简单的区别方法，是在白色的日光灯下观看。羊脂白玉对着日光灯，所呈现的是纯白半透明状，而且带有粉粉的雾感。而一般的白玉，对着日光灯虽也呈半透明状，但没有粉雾感。两者最大的区别是，白玉无论档次等级的高低，以肉眼看均很白，但在白色日光灯下必定带有深浅不一的微黄色，因此在日光灯下若有一丝丝微黄色，就不能称之为羊脂白玉了。符合苛刻标准的珍稀名贵的羊脂玉，是绝对容不下丝毫杂质的。

■ 羊脂玉在人们手掌的不断触摸过程中，自而然之，在玉石表面产生一种油性感，在一些和田细白玉中也有此现象。当羊脂玉坠于水中，提起玉体，可滴水不粘，因此油性重的羊脂玉绵性也特好。所谓绵性，也就是韧性。

羊脂玉的历史

据考古发现的材料介绍，早在3500年前的殷商时期，昆仑山出产的玉石已经传入中原。春秋战国以后，和田玉逐渐成为历代帝王和王公贵族使用的主要玉料，多数为采集的籽料。到元代开始采取山料，到清代以后山料的产量就已经大大超过了籽料。羊脂白玉自古以来人们极为重视，是玉中极品，非常珍贵。它不但象征着“仁、义、智、勇、洁”的君子品德，而且象征着“美好、高贵、吉祥、温柔、安谧”的世俗情感。在古代，帝王将相才有资格佩上等白玉。

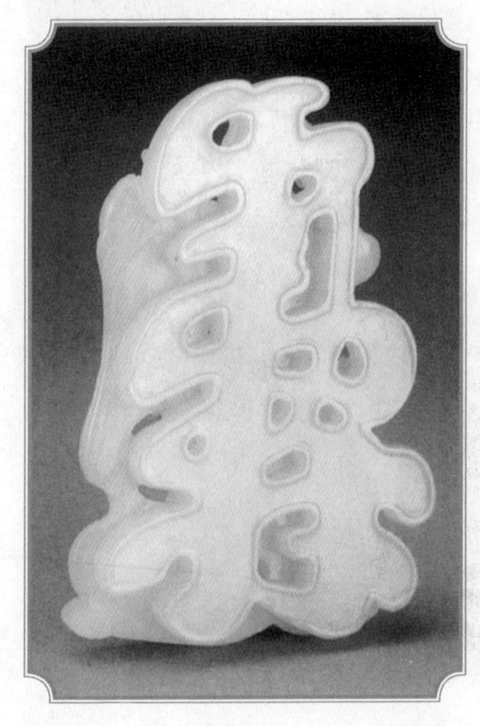

考古事实已经证实，很多古代皇帝使用的玉玺是专用白玉玉料。各

地博物馆的馆藏的珍品中，莫不把白玉玉料雕琢而成的历代文物奉为“国宝”，例如出土的西汉“皇后之玺”就是利用晶莹无瑕的羊脂白仔玉琢成。

已故我国著名考古专家夏鼐先生曾在文中称：“汉代玉器材料……乳白色的羊脂玉大量增加。”实物证明就是指汉代水产羊脂白仔玉而言。这就从理论到实践充分证明了羊脂白玉，就是晶莹洁白而无瑕的。其特点就是，特别洁白、光亮、温润、细密、油脂等。上佳的白玉无瑕，最好的“白如截肪”，即好似刚刚割开的肥羊肉脂肪。其硬度为6至6.5，仅次于翡翠。因硬度高，入土2000多年，不全沁，但也不是不沁。质软的有鸡骨白，质硬的局部有瓷白，受沁和开窗部位，全呈“老化”现象。并不像原来那么白了，这不是一种毛病，而是出土古玉的特征。羊脂白玉浸泡在水土中2000余年，其质地硬密，温润如初，这就是它的可贵之处，也正是它贵重价值所在。此羊脂白玉，汉代水产的白仔玉，肌里有“饭渗”，后代很难仿制，只能天然浑成。明清时期的青白玉，皆无“饭渗”。

■ 羊脂白玉自古以来人们极为重视，是玉中极品，非常珍贵。实质上羊脂白并不是纯白，而是带有油脂光泽的白，在白色中有的可透出微微的黄色，质地差的也可在白色里透出微微的浅灰色调。

羊脂玉的分类

羊脂白玉又分“仔玉”与“山料”。

■ 仔玉又名仔料，是指原生矿剥蚀被冲刷搬运到河流中的玉石。它的特点是块度较小，常为卵型，表面光滑；仔玉一般质地较好，温润无比。仔玉有各种颜色，白玉仔玉叫白仔玉，青白玉仔玉叫青白玉仔，青玉仔玉叫青玉仔。

所谓“仔玉”是从昆仑山下玉河中捞取的。这种“仔玉”细密，温润，光泽如脂肪。有的“仔玉”肌里内含“饭渗”，呈欲化未化的白饭状，这是水产白玉的肌理特征之一；还有的因长期浸泡在水沙中带有各色的皮子。此种“仔玉”优于“山料”，极为珍罕。“山料”，纯白如脂肪者少。据有关材料介绍，春秋战国以后和田玉，逐渐成为主要玉料，均为采集仔料。到清代始采取山料。羊脂白玉自古以来人们极为重视，但存世极罕，是玉中极品，价格非常珍贵。白玉不但象征纯洁、高尚、温润，而且象征吉祥、安谧。古人所谓：“温润，仁也！”在古代，帝后才有资格佩上等白玉。事实已经证实，西汉皇帝有的玉玺是专用汉代水产羊脂白仔玉料。如已被国家定为“国宝”的西汉“皇后之玺”就是利用晶莹无瑕的羊脂白

仔玉料雕琢而成的。

羊脂玉的鉴别

羊脂玉的鉴别要点必须满足五个方面，即质地纯、结构细、水头足、颜色羊脂白、油性重。

1. 质地纯。羊脂玉中透闪石矿物含量达到99%。羊脂玉存在于围岩蚀变最完美的地段。当花岗闪长岩体与白云岩接触产生一系列接触变质岩系，白云岩变为白云石大理岩，岩浆晚期热液沿白云石大理岩构造裂隙通道，发生交代作用形成透闪石岩。

围岩蚀变形成了白云石大理岩→透闪石化白云石大理岩→透闪石岩三种岩相，羊脂玉就赋存于透闪石岩岩相中。

2. 结构细。羊脂玉中透闪石呈显微纤状变晶结晶及成集合体，在电子显微镜、光学显微镜下可对透闪石结晶粒度进行测定，羊脂玉中透闪石纤维状长度（纵向）0.033—0.01mm，宽度（横向）0.0006—

■ 白玉的摩氏硬度达到6—6.5，大于钢材、玻璃、普通岩石等常见的硬物，在日常生活中使用不易磨损；白玉的韧性尤为突出，其韧性在自然界矿物中排行第二，仅低于制作高级车刀工具用的黑金刚石。

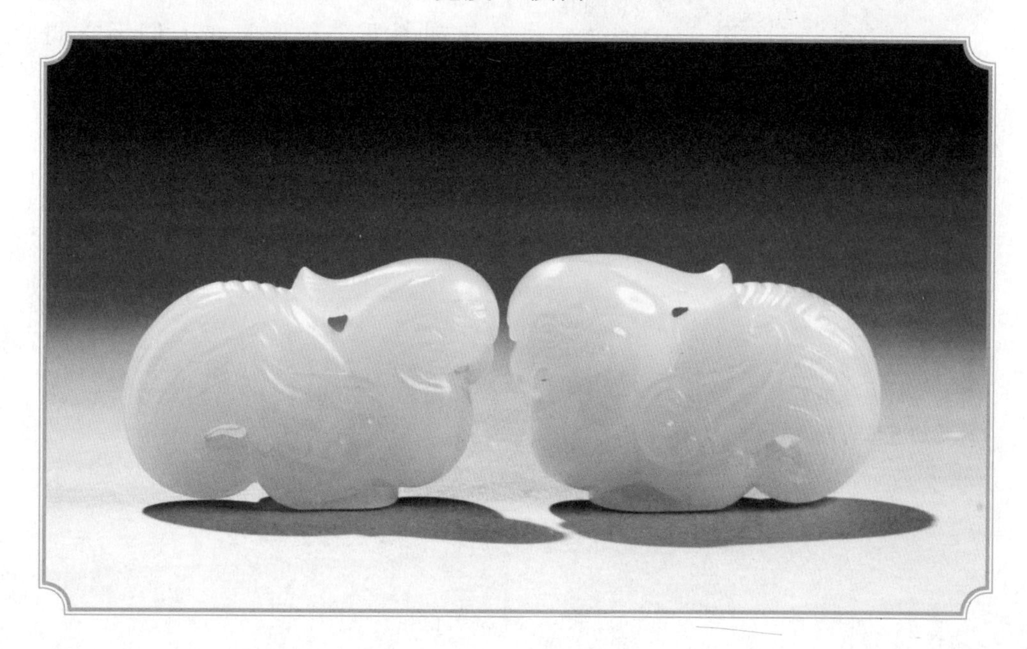

■ 羊脂玉看似柔软，实则内质刚强坚韧，可以长久地佩带使用和传承。基于羊脂玉优秀的工艺性质，历代琢玉名家，无不将和田玉中的羊脂白玉作为施展自己雕刻技艺的首选玉石。

0.001mm。这些显微纤状、绒毛状、毡状透闪石晶体互相交织在一起，组成绒毛状结构、毡状结构、交织结构。

显微纤状、绒毛状、毡状透闪石晶体集合体，在正交偏光下的特点就是在相同角度内，不显示均一的消光现象。

3.水头足。水头、灵地都是玉石透明度的称谓，在透闪石玉中常从厚度2mm为标准，白玉在这准则中呈现半透明—不透明，羊脂玉的水头足说明呈现半透明状。

4.颜色为羊脂白。羊脂白不是纯白，而是带有油脂光泽的白，在白色中有的可透出微微的黄色，质地差的也可在白色里透出微微的浅灰色调。

5.油性重。羊脂玉在人们手掌的不断触摸过程中，自而然之，在玉石表面产生一种“油性”感，在一些和田细白玉中也有此现象。当羊脂玉坠于水中，提起玉体，可滴水不粘，因此油性重的羊脂玉绵性也特好。所谓绵性，也就是韧性。

兴隆洼玉器的文化渊源

中国古代玉文化是祖国传统文化中的重要组成部分。兴隆洼文化玉器的发现表明，中国古代用玉的历史可追溯至距今8000年左右的新石器时代中期，中华民族是世界上用玉最久远的民族，玉器可以当之无愧地誉为中华文明的第一块奠基石。随着中国考古学框架体系的建立和考古发掘出土玉器数量的日益增多，对中国玉文化起源的探索成为中外学者关注的热点课题。鉴于兴隆洼文化玉器是迄今所知中国年代最早的玉器，对该文化玉器类型、雕琢工艺、用玉制度及相关背景资料的深入了解，无疑是探索中国玉文化起源的重要基点。

■ 新石器时代玉玦属新石器时代北阴阳营文化。透闪石。圆形，环体上侧有缺口。磨制光滑精致。出土时多置于人骨架的耳际，且缺口向上，成对出现，应是耳环一类的装饰品。

兴隆洼文化因内蒙古敖汉旗兴隆洼遗址的发掘而得名，20世纪经过较大规模发掘的同类文化性质的遗址还有内蒙古林西县白音长汗、克什克腾旗南台子和辽宁阜新县查海遗址等，正式发掘

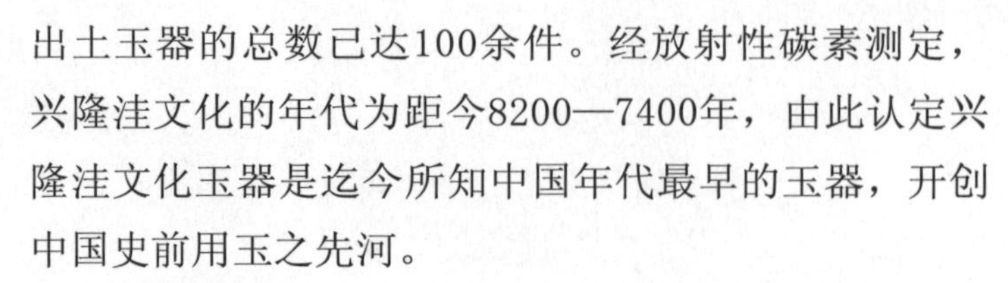

出土玉器的总数已达100余件。经放射性碳素测定，兴隆洼文化的年代为距今8200—7400年，由此认定兴隆洼文化玉器是迄今所知中国年代最早的玉器，开创中国史前用玉之先河。

■ 兴隆洼文化玉器皆为阳起石—透闪石软玉类，色泽多呈淡绿、黄绿、深绿、乳白或浅白色，器体偏小。主要器类有玦、匕形器、弯条形器、管、斧、锛、凿等。

兴隆洼文化玉器皆为阳起石—透闪石软玉类，色泽多呈淡绿、黄绿、深绿、乳白或浅白色，器体偏小。主要器类有玦、匕形器、弯条形器、管、斧、锛、凿等。玉玦的出土数量最多，是兴隆洼文化最典型的玉器之一，常成对出在墓主人的耳部周围，应是墓主人生前佩戴的耳饰。一类呈圆环状，另一类呈矮柱状，体侧均有一道窄缺口。匕形器的出土数量仅次于玉玦，亦为兴隆洼文化玉器中的典型器类之一。器体均呈长条状，一面略内凹，另一面外弧，靠近一端中部钻一小孔，多出自墓主人的颈部、胸部或腹部，应是墓主人佩戴的项饰或衣服上的缀饰。弯条形器和玉管数量较少，均为佩戴在墓主人颈部的装饰品。斧、锛、凿等工具类玉器特征鲜明，其形制与石质同类器相仿，可形体明显偏小，多数磨制精良，没有使用痕迹，其具体功能尚待深入探讨，但不排除作为祭祀用“神器”的可能性。

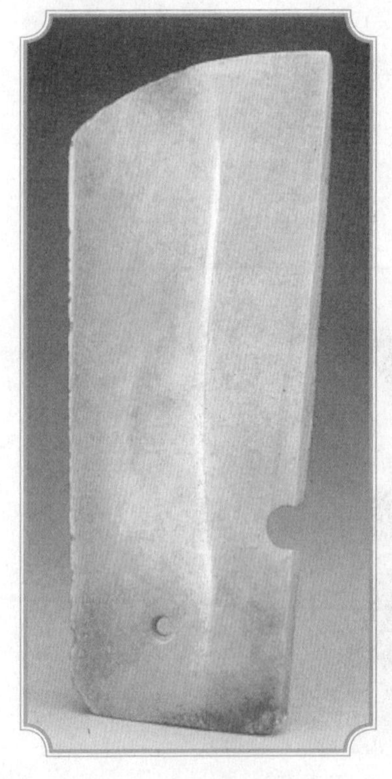

兴隆洼文化玉器主要出自居室墓葬内，探讨当时的用玉制度应以充分揭示居室墓葬的内涵为基础。兴隆洼遗址和查海遗址均发现有居室墓葬，可见此种葬俗并非偶然现象，已构成兴隆洼文化的重要内涵之一。兴隆洼遗址经过大面积发掘，共清理出半地穴式房址170余座，一期聚落是迄今所知保存最完整、年代最早的原始村落，所有的房址均成排分布，秩序井然，面积最大的两座房址并排位于聚落的中心部位，各达140余平方米，居住区的外围环绕一道椭圆形的围壕。居室墓葬共有30余座，均为长方形竖穴土圹墓，墓主人多为单人仰身直肢葬，有成年人，也有儿童。居室墓葬仅限于少部分房址内，墓穴在居室内的位置比较固定，并且一座房址内通常仅埋一位死者，极少数房址内有埋两位死者的。由此可见，居室葬并不是普通社会成员的埋葬方式，具有十分特殊的意义。

■ 内蒙古敖汉旗兴隆洼遗址出土的斧、锛、凿等工具类玉器特征鲜明，其形制与石质同类器相仿，可形体明显偏小，多数磨制精良，没有使用痕迹，可能是祭祀用的的“神器”。

兴隆洼二期聚落中心性房址内发现的118号居室墓，是所有居室墓葬中规格最高的一座，墓主人是一位50岁左右的男性，其右侧葬有一雌一雄的两头整猪，均呈仰卧状，占据墓穴底部近一半的位置，具有明显的宗教祭祀意义，是祭祀祖灵与猎物灵魂合二为一的真实见证，该墓内出土2件矮柱状玉玦。考虑到多数房屋埋入墓葬后继续被居住的情况，我们认为，聚落内部的少数人物可能因为生前等级、地位、身份或死因特殊，死后被埋在室内，成为生者祭祀、崇拜的对象。这里需要指出，并非所有的居室墓葬内都出土玉器，玉器的使用还仅限于少数人物。由此推断，兴隆洼文化玉器除装饰功能外，可能还具有标志墓主人等级、地位、身份的功能。

2001年6月—10月，中国社会科学院考古研究所对敖汉旗兴隆沟遗址进行了首次发掘，这是新世纪伊

■ 玉有缺则为玦，玦是我国最古老的玉制装饰品，为环形形状，有一缺口。在古代主要是被用作耳饰和佩饰。小玉玦常成双成对地出土于死者耳部，类似今日的耳环，较大体积的玦则是佩戴的装饰品和符节器。

始我所在内蒙古地区开展的一项新的田野发掘工作，其中对于玉文化起源的探索也是此次田野工作的主要学术目的之一。

此次正式发掘出土的兴隆洼文化玉器仅有5件，其中玉玦4件，玉匕形器1件。前者成对出自2座居室墓葬内，后者出自房址堆积层内。其中，4号居室墓内玉玦的出土位置十分重要，一件出自墓葬的填土内，另一件镶嵌在墓主人的右眼眶内。经鉴定，墓主人是一位女性儿童，下葬前经过肢解，头骨立置，其余部位骨骼凌乱，从而排除了后期压入的可能性。眼眶内嵌玉玦的习俗在中国史前时期尚属首例，学术意义重大。联想到牛河梁红山文化祭祀遗址出土的陶塑女神头像，双目内嵌入圆形的绿色玉片，可能与其具有一脉相承的文化关系。4号墓主可能生前右眼有疾，死后嵌入玉玦，起到以玉示目的作用。

从现有的考古资料看，兴隆洼文化时期的先民已经形成了较规范的用玉制度。以佩戴玉玦为例，虽然没有男女性别和年龄大小的差异，但均双耳佩戴，讲究对称美。匕形器和弯条形器在墓主人身上也有固定的佩戴位置。诸多兴隆洼文化遗址出土玉器的现象表明，玉器的雕琢和使用并非单一遗址的特殊或偶然现象，已构成兴隆洼文化的重要内涵之一，代表了中国史前雕琢和使用玉器的初始阶段。

在欧亚大陆诸多旧石器时代晚期的遗址中，往往能够见到斧、锛、凿等玉质的生产工具，且大多留有明显的使用痕迹。尽管从质料鉴定看应属于玉器，但并不意味着玉文化的产生，因为这些玉质工具属于实用器，与同类石质工具的使用功能并无显著差异。旧石器时代晚期的居民尚未真正掌握辨识、加工玉材的技术，玉器的人文特征也无从体现，因而不能作为玉文化起源的证据。尽管兴隆洼文化时期玉器的种类略显单一，器体也明显偏小，但当时的人已具有了较成熟的用玉理念，对于人体外在装饰美的追求成为玉雕业发展的直接动力。兴隆沟遗址4号居室墓内以玉玦示目的做法则反映出更为深刻的用玉理念，应视为人格玉化的初级表现形式，联想到后期红山文化现良渚文化玉敛葬的形成、两周时期佩玉之风的盛行、两汉时期玉衣的出现，对玉器赋予浓重的人文属性应是玉文化得以形成和发展的强大动力，同时也是探索中国玉文化起源的核心要素之一。

■ 兴隆洼文化时期的匕形器，体现了佩戴主人的身份、地位。最简单的匕形器如后世没有柄的剑，一头平一头圆弧形，中间厚，两边薄而又刃，平头的一边往往钻有一孔。如小南山出土的两件匕形器就是这样的形状。

近年来，倡导多学科合作对玉文化进行全方位研究成为大家的共识。考古学因其独特的获取资料的手段和研究方法，在玉文化研究中的地位日显突出，故对玉文化起源的探索将更直接依赖于考古学本身的发展。

在西辽河流域，小河西文化应早于兴隆洼文化，该文化因内蒙古敖汉旗小河西遗址的发掘而得名，聚落规模明显偏小，房址均为半地穴式建筑，大体成排分布。从聚落形态和出土遗物的比较看，小河西文化是兴隆洼文化的直接源头，其年代应在距今8500年以远。由于小河西文化遗址的发现数量较少，发掘规模偏

■ 新石器时代玉玦制作朴素，造型多作椭圆形和圆形断面的带缺环形体，除红山文化猪龙形玦外，均光素无纹。红山文化猪龙玦（又称兽形玦）形制特殊，形体普遍较大，有的玦上有细穿孔，当是佩玉。

小，对于小河西文化整体内涵的认识尚不充分，目前尚未发现玉器，但可成为探索玉文化起源的重要线索。

中国地域辽阔，不同区域之间史前文化面貌的差异较大，对玉文化起源的探索也不能仅局限在一个地区，但西辽河流域无疑应成为重点关注的区域。

玉文化是中国传统主流文化之一，兴隆洼文化玉器发现后，人们可能疑惑为什么8000年前的玉器出自西辽河流域而非中原地区，主要有以下三个方面的原因：一是西辽河流域有较丰富的玉矿资源，这是玉文化起源的前提和基础；二是西辽河流域的远古居民拥有发达的细石器加工传统，致使他们能够率先将玉材从石材中分辨出来，同时拥有加工玉器的技术保障；三是特定的审美理念是玉文化起源的重要条件，兴隆洼文化玉玦是世界范围内最古老的玉耳饰，是当时人刻意追求人体外在装饰美的重要实证。

兴隆洼文化之后，红山文化的玉雕业迅猛发展，大型玉龙、勾云形器和箍形器等新器类的出现，标志着中国东北地区玉文化的发展进入鼎盛阶段，西辽河流域由此成为中国史前时期雕琢和使用玉器的核心地区之一，在中国文明起源进程中发挥出十分突出的作用，对夏商周三代文明均产生了深远的影响。

关于玉石的医用

在我国古代对美丽的玉石，上至帝王将相，下及民间百姓，都非常珍视。不仅崇尚玉器的种种美德，还认为玉石是阴阳二气的精纯，相信它对人体健康有着神奇的作用。所以，古人早就将美玉应用于医疗保健方面。

■ 佩戴使用玉石饰品，能使有益的元素通过皮肤的穴位浸润，进入人体，从而平衡阴阳气血的失调，有益于促进人体健康。

佩戴玉器不仅因为它能起到美丽装饰作用，而且它还有促进人体健康的作用。如《神农本草经》《本草纲目》等古代医药名著中都有记载：玉石有“除中热，解烦懑，润心肺，助声喉，滋毛发，养五脏，安魂魄，疏血脉，明耳目”等疗效，有106种玉石用于内服外敷的治病方法中。“玉屑是以玉石为屑。气味甘平无毒，主治除胃中热，喘息烦懑，止渴；屑如麻豆服之，久服轻身长年，能润心肺，助声喉，滋毛发，滋养五脏，止烦躁；宜共金银、麦门冬等同煎服，有益。”

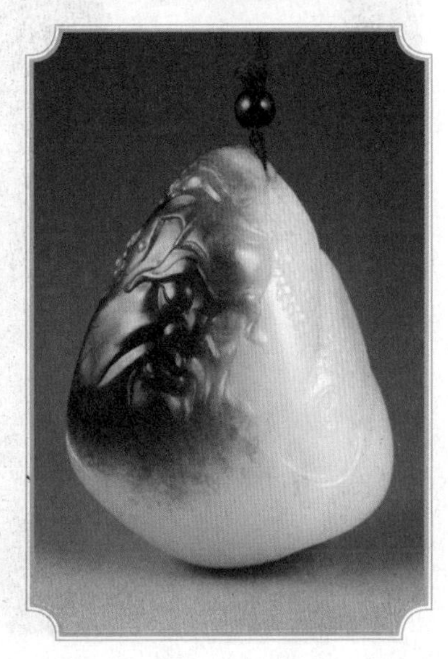

由此可见，玉石自古入药，它对于疗疾和保健具有极好的作用。另有记载：玉石若

“久服耐寒暑，不饥饿，不老成神仙”。“玄真者，玉之别名也。服之令人身飞轻举，故曰：服玄真，其命不极。”这样的宣传使得当时的帝王将相为了长生不老求仙问道，将玉石磨成粉后当仙药吃，所以现代有的学者认为古代玉器非常多，但现今存世稀少，就是因为古人将古代玉器捣碎后吃掉了。据说，道教发展时期吃玉风气非常盛行，由此推测风行吃玉始于我国汉代。

■ 佩戴玉器不仅因为它能起到美丽装饰作用，而且它还有促进人体健康的作用。许多玉石中含有对人体有益的十多种微量元素，如金、银、硅、锌、铁、硒、镁、锰等等。

医药科学认为，宝玉石具有奇妙的物理特性，如天然金刚石能吸收太阳中的短波波段，使它成为紫外线理想的“储存器”，为人体消毒杀菌。又如黄玉水晶石在进行精密加工的打磨过程中，会使这些效应聚焦蓄能，形成一个电磁场，能与人体发生谐振，从而促使人体内部各种功能更加协调，精确地运转。

通过现代生物、物理、化学分析研究表明，许多玉石中含有对人体有益的十多种微量元素，如金、银、硅、锌、铁、硒、镁、锰等，这些微量元素可使人祛病保健益寿，例如：锌元素可以激活胰岛素，调节能量代谢，维护人体的免疫功能，促进儿童智力发育，具有抗癌、防畸、防衰老等作用。锰元素可以对抗自由基对人体造成的损伤，参与蛋白质、维生素的合成，促进血液循环，加速新陈代谢，抗衰老，防止老年痴呆症、骨质疏松、血管硬化等。硒元素是骨胱甘肽过氧化物酶的组成部分，它能催化有毒的过氧化物还原为无害的羟基

化合物，从而保护生物膜免受其害，起到抗衰老作用，它还能解除有害金属如镉、铅等对人体内的毒害，能增强人体免疫功能，提高机体抗病能力，达到防癌、治瘤的作用。

玉石是一种蓄“气”最充沛的物质，所以经常佩戴使用玉石饰品，就能使这些有益的元素通过皮肤的穴位浸润，进入人体，从而平衡阴阳气血的失调，有益于促进人体健康。

有资料说东南大学生物工程系采用现代技术研究发现，人体会产生温度场、磁场、电场，从而构成一个“生物信息场”。这个“生物信息场”会产生一种相应波谱，被称为“生物波”，可产生生物电，它有一种奇特的效应，即光电效应。科学仪器测试玉石也具有这种特别的“光电效应”，在略施加压力、切削以及精加工的打磨过程中会产生一种效应，并聚焦蓄能形成一个“电磁场”，放射出一种能被人体吸收的远红外线波，进而诱发人体内细胞水分子的强烈共振，使之起轻微按摩作用，改善微循环系统，从而使人体血液循环加快和新陈代谢提升，活化细胞组成，调节经络气血的精确运转，增强快速反应，提高人体的免疫功能。

■ 美玉是华夏民族的圣物，除了具有装饰、观赏和保值的功效外，还是上好的保健美容品，被现代西方女士们称之为“东方魔玉”。

美玉是华夏民族的圣物，除了具有装饰、观赏和保值的功效外，还是上好的保健美容品，被现代西方女士们称之为“东方魔玉”。在《御香飘渺录》中记载：慈禧太后有一套奇特的美容大法，就是每日用玉尺在面部搓、擦、滚。玉尺是用珍贵的特种玉石制成

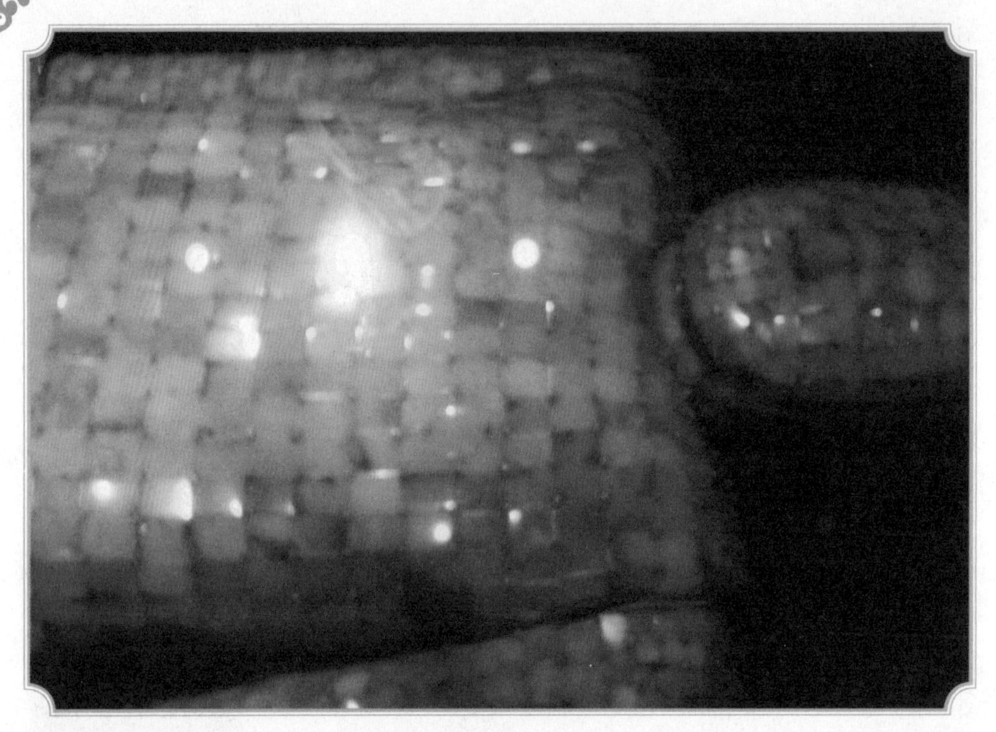

■ 玉衣也叫“玉匣”“玉柙”，是汉代皇帝和高级贵族死时穿用的殓服，外观和人体形状相同。汉代人认为玉是“山岳精英”，将金玉置于人的九窍，人的精气不会外泄，就能使尸骨不腐，可求来世再生，用于丧葬的玉器在汉玉中占有重要的地位。

的一根短短的圆柱形玉棍。

玉石之于医疗药理：“甘、平、无毒。主治：除胃中热、喘息烦懑、小儿惊啼、痃癖鬼气、面身瘢痕、急躁气瘫、滞栓血块、止血消瘀、疗妇人带下十二病”等。

玉石之于养生保健：“润心养肺、明耳目、滋毛发、利血脉。安魂驱邪、除疵祛瘢、清污排秽、滋阴生精、正气内存、邪不可干，通经活络、益寿延年”等功效。

玉石之于美容护肤：“饮玉石间之水，以长生润泽，容颜不衰，面身瘢痕，以真玉日日磨之，久则自灭。玉屑面脂，润肤生肌”等。据载，早在5000年前的殷商时期就出现了以玉石做粉，用红兰草做黛的“粉黛”化妆品。

1972年，湖南马王堆汉墓女尸出土，让人称奇的是女尸辛追两千多年不腐。现代科学技术分析认为这与辛追所着用岫玉制成的金缕玉衣有很大关系。说明玉石对人体确实有保健作用。

玉石是怎样使绝代佳人红颜永驻的呢？近代高科技测试发现，特殊玉石具有特殊的光电效应，在磨擦、搓滚过程中，可以聚热蓄能，形成一个电磁场，相当于电子计算机中的谐振器，它会使人体产生谐振，促进各部位、各器官更协调、更精确的运转，从而达到稳定情绪、平衡生理机能的作用。

此外，根据生化分析得出，有些特殊玉石还含有对人体有益的微量元素，经常接触人的皮肤可以起到现代科学尚难全部弄清的治疗保健作用。需要特别指出的是，玉石还有镇静作用，民间则早有孕妇分娩时用双手握玉以镇痛助产的习俗。

■ 和田玉的医学用途在《本草纲目》中有记载：滋养五脏，特别是对肺和毛发有作用；另外，还可以安魂魄、疏血脉、柔筋强骨等。就是说，它主要是有滋补的功效，也可以保持青春。考古发掘证明：大凡用玉处理过的尸体，都不易腐烂。可见，玉对防止衰老是极为有效的。

各类玉的保健功能

玉是一种天然矿产。矿物是中药中的一类极具特色的组成部分，我国对它的研究具有悠久的历史，而宝玉石又占其中很大一部分。我国古老的医学经典《黄帝内经》《唐本草》《神农本草》《本草纲目》中均称玉可：“安魂魄，疏血脉，润心肺，明耳目，柔筋强骨……”据现代科学测定，玉材本身含有多种微量元素，如锌、铁、铜、锰、镁、钴、硒、铬、钛、锂、钙、钾、钠等，它的疗效非常明显。它曾是我们祖先防治疾病的武器，也曾长期作为养生防老和炼丹术的主要药物。现在用于肿瘤治疗更显示出异乎寻常的作用。从药物学角度来讲，长期配戴自然矿物可以补充人体不足的元素和微量元素，吸收或排泄过剩的元素和微元素，使人体保持一个特有的正间值。比如：

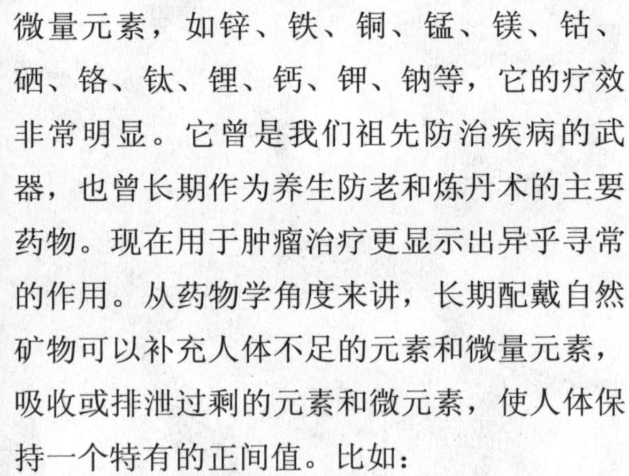

紫晶、石英：有镇静、安神之功

金刚石：避邪恶，使人精力旺盛

红宝石：对男性阳痿患者很有效

■ 这是用软玉雕刻而成的。软玉具有润心肺、清胃火等功能，常佩戴此玉能让人感到心情舒畅。

■ 孔雀石是一种古老的玉料。由于颜色酷似孔雀羽毛上斑点的绿色而获得如此美丽的名字。孔雀石产于铜的硫化物矿床氧化带，常与其他含铜矿物共生（蓝铜矿、辉铜矿、赤铜矿、自然铜等）。孔雀石具有治痰迷惊、痞疮之功效。

绿宝石：能提高人的生育能力

蓝宝石、海蓝宝石：能缓解呼吸道系统的病痛

琥珀：能帮助人克服抑郁

软玉：润心肺、清胃火

玛瑙：清热明目

绿松石：解毒、清肝火

青金石：解毒、清黄水、解鼠疮、滋阴乌须

孔雀石：治痰迷惊、痞疮。

如今，我们以玉石为原料，加工成精美的装饰品美化生活、陶冶性情、以至祛病延年。其产品直接用于健身保健的有：玉枕、玉垫、健身球、按摩器、手杖、玉梳等，对人体具有养颜、镇静、安神之疗效。长期使用，会使人精神焕发，延年益寿。

玉的收藏价值

■ 收藏古玉要了解各时代玉器的加工特征。在新石器时代，玉器上往往留有线切割痕迹；商代以前的玉器，孔径变化大，一端大，一端小；战国、明代、清代的玉器有玻璃光泽，但战国的玉器显得含蕴；明代的玉器光亮而刚硬；清代的玉器则显得滑软。

收藏古玉，如经济条件较好，实力特别雄厚，可按有精必收的原则进行收藏。稍次的，可以时代为专题分类，如“唐代古玉”“宋代古玉”“明清古玉”等，亦可以用途分“古代佩玉”“古代礼玉”“古代山子”，以具体器物分“中国玉琮”“中国玉璧”“中国玉鸟”“中国玉龙”“中国玉人”“中国玉杯”“中国玉带钩”等。

古玉收藏，应以工精、质优、色巧、形奇为标准，看多了、研究多了，能达到“爱不释手是好玉”的目的。

收藏古玉一般必须从新玉和旧玉两大类去进行鉴定。

新玉的鉴定侧重于真假玉材、质地优劣与雕工的精粗。一般讲，好的玉料仅仅是制作玉器的基础，它的价值还是要以人工设计雕琢后才能最终体现出来。唐太宗说得好：“玉虽有美质，在于石间，不值良工琢磨，与瓦砾不别。”因此，玉工水平的高下又是决定玉器品位的重要砝码。好的玉器应在用好的玉料的前提下，达到构图精美和谐，工艺精雕细刻，抚之温润脂滑方为上品。

而旧玉的鉴定除了新玉的几个基本要求外，还要识别玉器的制作时代，历史上的作用，占有者的身份，还要学会对每一种器物造型的特点（包括局部造型）进行综合分析等，而造型的独到，往往又能左右玉器的价值。

如果允许，你要去买玉，一环一块一方一片都可以。

在所有做首饰的材料中，玉与人最亲也最近。黄金是钱，钻石是价，而玉，是生命。

信不信？握玉在手中，轻轻地抚摸再抚摸，就像抚摸自己光滑的肌肤和柔软的心。你会发现玉是活的，有体温有心跳，有温润的水分，正和着你的思绪在共鸣。

能够让玉常常贴着肌肤最好，玉不会辜负你丝丝缕缕的滋养，就像有灵性的鸽子，即使放飞也记得回家。经过你手的玉，必定会留下你生命的信息。

■ 现在市场上古玉价格主要在两个时代上比较高，一个是明清时代，这是晚期玉；一个是战国到汉代，这是早期玉，也就是高古玉。由于明清时代离现代比较近，遗留的玉器比较多，所以收藏的人也比较多。

玉的装饰功能

■ 时至今日，珠宝玉饰仍然被视为幸运和社会地位的象征，并已逐步成为表现个人性格、装饰、品位、风度的重要组成部分，而且从外表上令整体的衣饰打扮更加明艳照人。

珠宝首饰是一种财富，又是一种装饰工艺品，自远古时代开始，人们就已喜欢佩戴珠宝玉饰。

古代人们佩玉，主要不是简单的装饰，不仅仅是表现外在的美，还表现人的精神世界和自我修养的程度，也就是表现德，同时还具有体现人的身份、感情、风度以及语言交流的作用。古代君子必佩玉，也即要求君子时刻用玉的品性要求自己，规范人的道德，用鸣玉之声限制人的行为动作。

时至今日，珠宝玉饰仍然被视为幸运和社会地位的象征，并已逐步成为表现个人性格、装饰、品位、风度的重要组成部分，而且从外表上令整体的衣饰打扮更加明艳照人。

现代玉饰的品种款式多种多样，有玉珠串、玉手镯、玉发夹、翡翠挂件、套装饰品、玉戒指、金镶玉品、玉腰带等，除岫玉、玛瑙、密玉等玉料外，还采用翡翠、青金、鸡肝石、孔雀石、东林石、珊瑚、水晶、芙蓉石、木变石等玉石原料。其规格款式不断翻新，单珠串就有平串、宝塔串、花色串、异形串、随形串等式样。这些珠宝玉饰通过精心的配带，会给你的生活、衣饰起到珠联璧合的效果。

中国人对玉的特殊爱好自古有之，喜爱玉甚于黄金和其他玉石。在古代，“君子无故，玉不去身，君子与玉比德焉”，并以玉的温润色泽代表仁慈，坚韧质地象征智慧。不伤人的棱角表示公平正义，敲击时发出的清脆舒畅的乐音是廉直美德的反应。正因为此，自古以来得到人们由衷的偏爱。

如今，玩赏玉的款式、造型、纹饰、创意及做工等都有很大改进，更加强调玉的吉祥性、玩赏性和艺术性，其主要品种有玉器人物、花卉、雀鸟、走兽、器皿、玉山籽雕等各种中小摆件，各玉盆景，玛瑙观石，水晶原石，玉石样本，玉石籽料等，从原石到雕件应有尽有，形态优美、色泽丰富、做工精致、别具情趣。使人们在观赏、把玩中得到精神和文化的享受，特别是闲时触摸玉饰往往产生一种舒适、高雅的情趣，使人感到无比的喜悦、兴奋和满足。还有在室内装饰时，玩赏玉件与字画、古玩及其他工艺品组合配置，能够相映生辉，营造出居室的典雅文化氛围。

■ 从玉器人物产品的整体性来看，神和形是统一体的两个方面，如果它们之间不能融合为一体，那么在艺术上就可能是流于形式的东西，或者流于程式化、概念化，从而缺乏艺术生命力和感染力。

另外，玩赏玉器作为礼品、信物、吉祥物等广泛应用于人们日常生活和各种交往之中，是亲属、朋友之间表示爱心、感情、良好祝愿或祈求平安的首选馈赠之物。

古玉鉴玉识色

玉器的颜色分为两类：一类是材质本身的颜色，也就是玉矿之色，常见的有白色、灰白色、绿色、灰青色、黄色、黑色，这些颜色的形成同玉材中所含的微量元素有关；第二是玉器制成后出现的颜色变化，这是古玉研究中令人关注的问题。

■ 古墓中出土的古玉器，多数都带有颜色变化，古人将这种颜色的变化称为“沁色”，意即墓中或土壤中的某些成分渗入或沁入了玉中，使玉产生了色变。

玉器制成后发生的色变有下列几种。

玉材在空气中的氧化

玉材暴露于空气中会产生风化，主要的变化是氧化，如人们在相玉时，经常需要透过玉璞去猜测里面的玉色，而多数玉璞的外皮与内部玉料成色不一致。从岩石学角度上看，玉璞外皮与内核为同一种岩石，

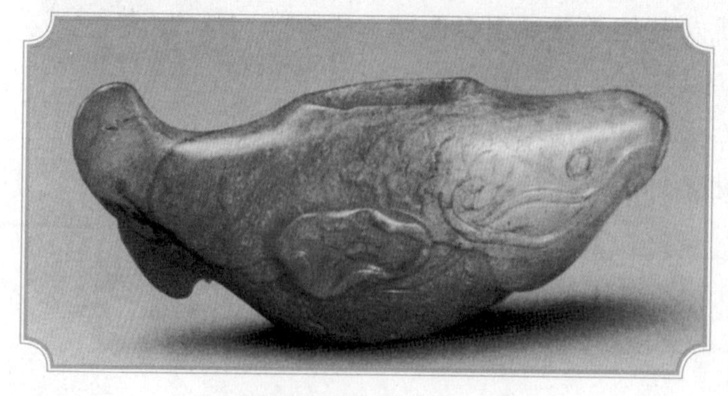

成色上的差异是由风化造成的。台湾大学的一位地质学家在河床中采集玉璞时遇到这样的情况，玉璞的上半部暴露于空气中，带有赭色薄膜，

下部长期浸于河水内，呈玉的原色（邓淑苹：《仿伪古玉研究的几个问题》）。这些情况说明，玉材在空气中是会出现风化或颜色上的变化，但这种风化和颜色变化视材质的细密程度而不同，质地坚细的玉料所产生的风化要小，或者不产生变化，质地松散的产生的变化较大。还有很多被采集到的玉籽，表面莹润，几乎没有色泽上的变化。玉材在空气中被氧化而产生的色变的过程是非常缓慢的，一些玉器在自然状态下置放数百年，表面色泽几乎没有变化。故宫博物院存有一批明代玉带板，其中一些白玉光素带板，可能为明代前期的作品，表面颜色已经发暗，局部呈灰黄色，应该是空气中含氧气体侵蚀所产生的颜色变化。据此我们可以推断，玉器在自然状态下置放五百年左右，一些玉的表面或可产生可辨识的微小色变，这种色变往往发生在某些白玉、青玉制品上。

■ 这是一种灰青色的玉。玉材在空气中是会出现风化或颜色上的变化，但这种风化和颜色变化视材质的细密程度而不同，质地坚细的玉料所产生的风化要小，或者不产生变化，质地松散的产生的变化较大。

玉器在墓葬中产生的颜色变化

古墓中出土的古玉器，多数都带有颜色变化。变化产生的原因，可能是由墓中随葬物所含化学成分所致，也可能受土壤中化学成分的侵蚀所致。对这一问题，古人曾给予了很大的注意，称之为“沁色”，意即墓中或土壤中的某些成分渗入或沁入了玉中，使玉产生了色变，现代人借用古人语言，也使用了“沁色”这一词语。

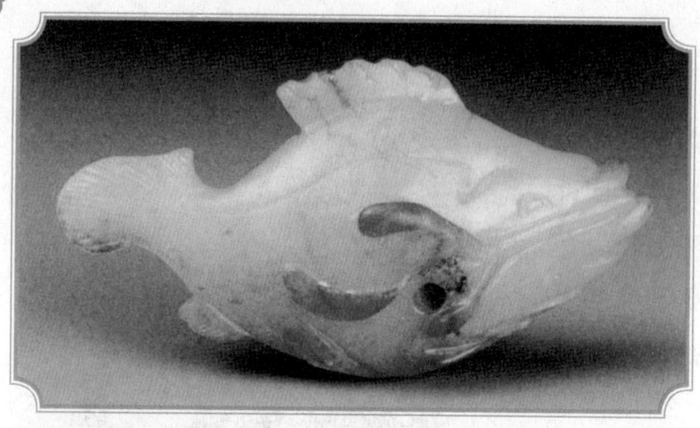

■ 一些青玉、白玉制品往往带有黄斑，这些黄斑可分为玉皮色、沁色、染色三类。玉皮色是玉材表皮原有的颜色，这种颜色是玉材在空气中风化所致。

人工盘摩

玉器制成后，经过使用者一定时间的手工摩擦，或与人体的长期摩碰，表面光泽会更润，透明度会略强，尤其是入过土的古玉器，经过盘摩，颜色还会产生变化。邓淑苹先生在《仿伪古玉研究的几个问题》中指出，有些玉的红色是“入土变沁后，又经盘摩，逐渐转变的‘熟红’”（邓淑苹《传世古玉辨伪与鉴考》）。

人工染色

对玉的人工染色是非常古老的工艺，只要存在着对古玉颜色的追求，就存在着人工染玉的可能。最初的人工染玉仅是追求玉器美感，随着伪古玉的出现，玉染色便成为仿古做旧的重要手段。有材料说明，宋代的仿古玉制造中已经采用了人工做旧的方法，这种方法在明、清两代又有重要发展。时至今日，伪古玉制造泛滥，人工染色又成为仿伪做旧的主要手段。

下面是几种主要玉色的识别简要：一般来看，玉的本色是较易识别的，主要有青、白、黑、黄、绿等颜色，而人工染色与玉的色变却非常难以识别。在玉器鉴别时，往往遇到人工染色、沁色及玉本色相互类似的现象，这就需要识玉者认真进行分辨。这类现象主要有下列几种。

1. 黄斑与土沁。一些青玉、白玉制品往往带有黄斑，这些黄斑可分为玉皮色、沁色、染色三类。玉皮色是玉材表皮原有的颜色，这种颜色是玉材在空气中风化所致，可分为两种，一种是年久风化，玉的表皮已槽朽，形成较厚的皮层，皮层往往呈深黄、暗赭等色，也就是人们常讲的玉璞之皮，从玉璞的外面已很难了解内里的玉色。另一种风化时间较短，表面仅呈膜状，常出现于籽料上，从外面常能透出里面的玉色。一些出土硬度玉上也带有这种黄斑，《格古要论》一书记载："尝见菜玉连环上俨然黄土一重，并洗不去，此土古也。"也就是说这种黄色是玉器在土内埋藏所致，按照古人的说法，这种玉经盘摩后，颜色变化更为复杂。孔尚任在《享金薄》中谈及古玉沁色："汉玉羌笛，色甘黄如柳花，……为汉器无疑，全体光莹，不沾汗浆，亦无土花"，"雷纹汉玉环，径二寸，内好相等，包浆熟润若凝酥也"。这里谈的汗浆、包浆，都是讲的玉沁色后又经盘摩而致。其实，在考古发掘中很少能见到带有黄色沁色的玉器，个别玉器上的黄色斑，很可能是原来的玉皮，传世玉器上带有的黄色斑块，往往是人工染色，因而遇到带有黄色斑的玉器，应认真分辨。

■ 青白色玉料中常有局部的黑色，这是"白玉或青白玉的单晶料子之间，夹杂大量石墨所致"。有的黑色墨点存于透度较高的青白玉间，人们称其为芝麻斑，汉代玉器至明清玉器中都有这类玉料使用。

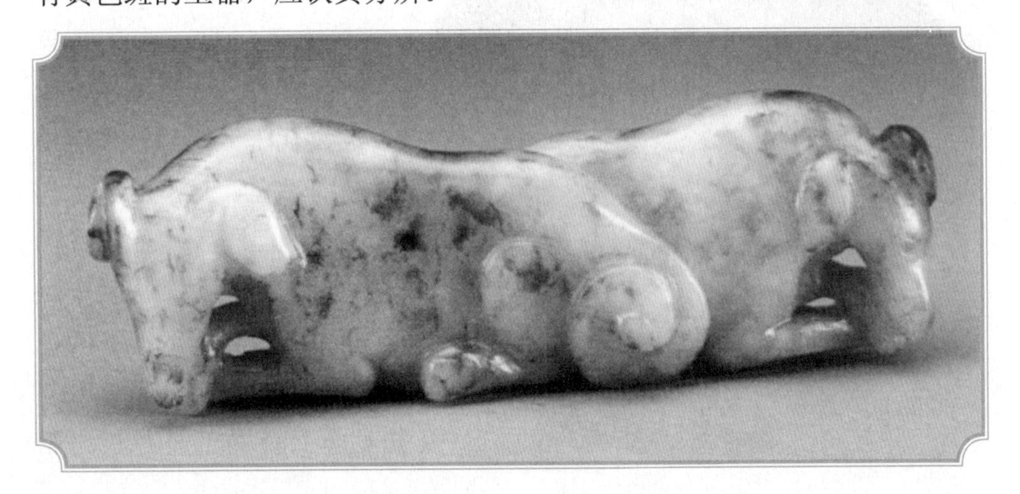

2. 黑斑与水银沁。青白色玉料中常有局部的黑色，这是“白玉或青白玉的单晶料子之间，夹杂大量石墨所致”（邓淑苹：《传世古玉辨伪与鉴考》）。这类玉材大致有几种：一为黑色墨点存于透度较高的青白玉间，人们称其为芝麻斑，汉代玉器至明清玉器中都有这类玉料的使用。现代仿古玉也采用这类玉料。二为局部的浅淡墨色，其色深浅不一，有浓淡变化。三是纯黑如漆，在玉中形成斑块，黑色与白色界线分明。

■ 玉器经埋藏后会出现色斑，现实的识玉者称这种色斑为水沁，意即它的出现同土壤中含的水分有关系。按照文献的解释，水坑玉的沁色应是无土斑而有瘢痕的玉器。

古人把某些玉器上的黑斑称为水银沁，认为是玉材受到了土壤中的水银沁入产生的色变。其实，被称为带有水银沁的玉器，上面的黑斑很多是玉材中原有的墨色。存在不存在玉材受沁产生的黑色呢？迹象表明，某些玉器上的黑斑为土中埋藏产生的色变，例如辽宁清源出土的红山文化兽首三环器，材质为青玉，中部三连环，两侧各有一个向外的盖头，局部裂纹中带有黑色（见《中国玉器全集》）。黑龙江出土的金代墨玉鱼，整体呈黑色，似炭精，局部露出玉材本色（见《中国玉器全集》）。安徽巢湖出土的汉代玉佩，局部裂缝中带有黑色。这些玉器上的墨色斑，同我们能见到的带有墨斑的玉材，色斑绝不一致，应是埋藏形成的色变。

很多玉器上的墨色斑是人工染

成的。人工染黑的方式大致可明确为两种，一为漆染。故宫存有一件属新石器时代的玉圭，展于玉器馆内，其圭已断，仅存半段。圭表墨褐色，油亮似漆，断面处可看出，作品原为青玉，表面一层墨色，似蛋壳，圭上的颜色绝非土中沁成，而是人工所染。明人在《格古要论》中便提到了黑漆古，我们不能解析，墨漆古是用黑漆所染还是染成黑漆之色。这件作品用漆染的可能性非常大，作品为旧玉，染玉的年代已很难确定。人工染黑的第二种方法为火烧。“水银沁之真者黑白分界处明晰如刀截。或提油，用乌木煨黑者则模糊矣。”就是说，用提油法、木屑煨黑法也可做水银沁。晚清时，宫廷失火，烧毁大量器物，被烧玉器产生的色变有白、灰、黑色。白者温度高，黑者所受温度低，其中不乏黑似焦油而表面光亮者，有的残玉白中且黑半，明显表现出玉上的色变为人工烧烤而致。

■ 人工仿造的玉器水沁大量存在，可用酸类液体浸泡、腐蚀，也可用火烧制。这两种方法制成的颜色，经过仔细观察是可以辨别的。

3. 白色色斑与水沁。很多玉器经埋藏后会出现白色色斑，现实的识玉者称这种色斑为水沁，意即它的出现同土壤中含的水分有关系。清代文献《玉纪补》中说：“西土者，燥土也，南土者，温土也，燥土之斑干结，湿土之斑润溽，干结者色有瘢痕者，水坑物也。”由此而知，清代人已经注意到了水沁的问题。

按照文献的解释，水坑玉的沁色应是无土斑而有

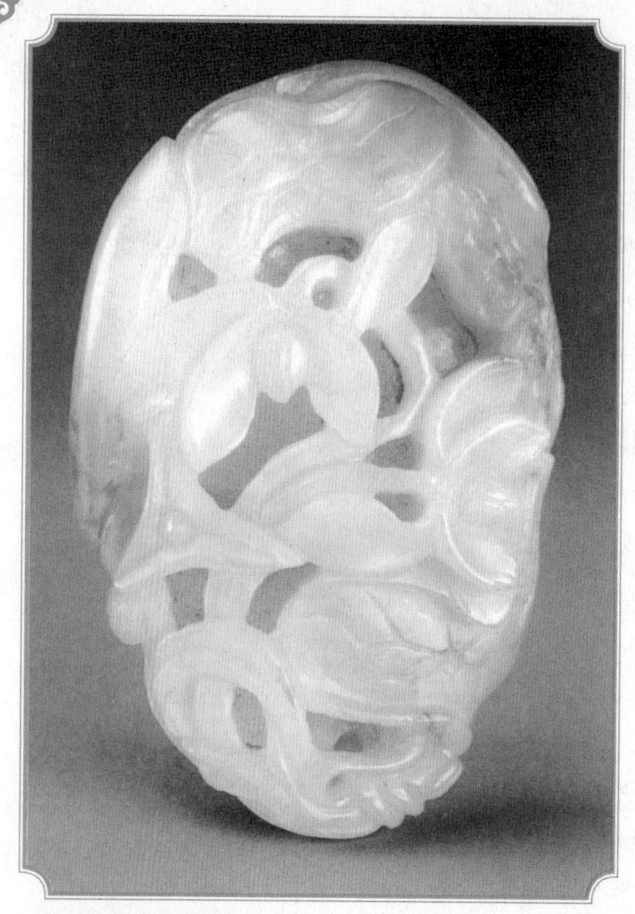

瑕痕的玉器，也就是无黑、绿、黄、褐、红等沁色的沁色玉。这类沁色限于白色或灰色。从考古发掘到的玉器来看，白色或灰色沁的情况非常复杂，东北、山东、河北等地出土的玉器上，很可能见到白色沁斑，但辽宁建平出土的一件属红山文化玉器的玉兽头玉玦，表面全部呈暗灰色，已不见玉材的本色，形成的原因是沁色还是制造时的人工处理，目前还不便进行更深入的分析。河南地区新石器时代的玉器发现得很少。商代玉器大量出土，其中一些玉器呈象牙白色，应是玉料本身特点及沁色相结合的产物。还有很多玉器呈鸡骨白色，玉的比重也变轻，这种现象应该是沁色所造成的。但在河南出土的春秋战国玉器上却很难出现鸡骨白色，一些玉器上出现了局部的浸润性的水沁色变。江苏、浙江、江西、广东等南方省份出土的玉器中有很多带有水沁，这种水沁面积较大，深浅程度不同，一些作品的局部硬度已非常低。笔者在安徽见到的少量汉代玉器上，看到有斑状灰白色沁，沁色分布较广，斑片不大但沁入很深，与周围的玉色形成较强的对比。

■ 玉沁是指玉中带有颜色的丝状物质。其颜色也有多种：土沁为黄色，水沁为白色，铜沁为绿色，血沁为紫红色，水银沁为黑色。古玉的沁色是自然形成，现在有些仿古沁色玉为人工完成。

自然界的玉料中存有青白相混的玉材。故宫博物院乐寿堂存有清代制造的福海大玉海，它的玉料呈青碧色，但混有灰白色斑片，其色同一些古玉器上的沁色相仿佛。玉海内膛极大，掏出的玉料数量应很大，目前尚不见其他用此种玉料造的器皿，相信掏出之料会被用去制造仿古玉器，因而利用玉料本身特点制造仿古水沁的可能是存在的。

人工仿造的玉器水沁大量存在，可用酸类液体浸泡、腐蚀，也可用火烧制。这两种方法制成的颜色，经观察是可以辨别的。

■ 血沁又称血古。古人认为血古为血所沁。这种色是由尸骨、色液、颜料、石灰、红漆、木料、土壤等东西共同沁成的，可将玉器沁成猩红色、枣皮红、酱紫斑等色。然而，要形成枣皮红和酱紫斑需要几百年，甚至更长时间。

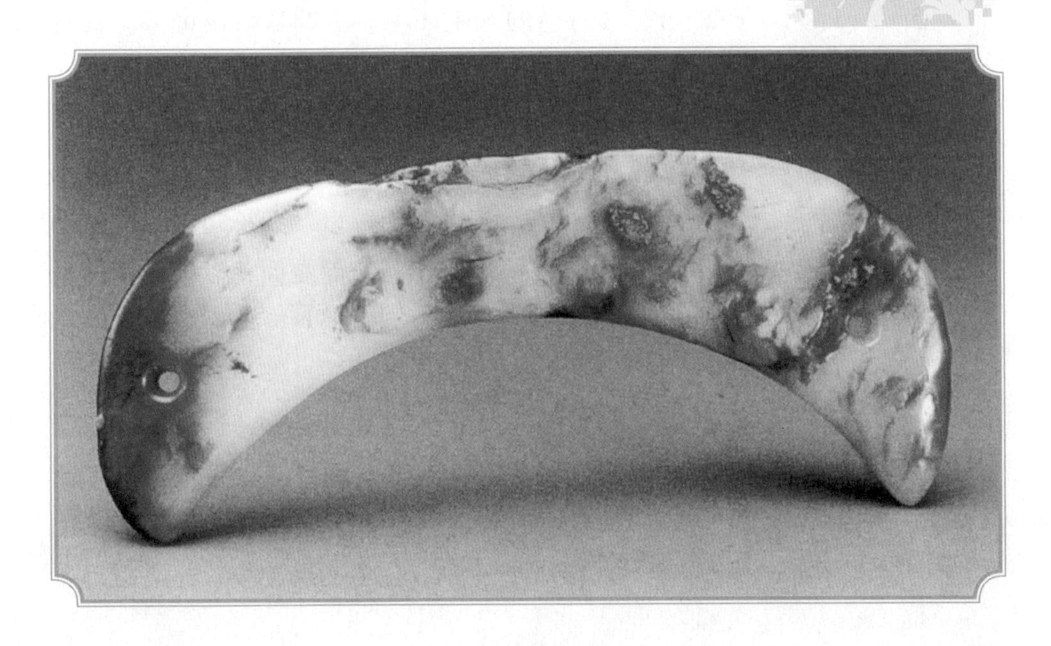

古代玉器造型对现代玉雕的影响

■ 玉雕是中国最古老的雕刻品种之一。商周时期，制玉成为一种专业，玉器成了礼仪用具和装饰佩件。玉石历来被人们当作珍宝，在中国古代，玉被当作美好品物的标志和君子风范的象征。

玉器，在中国光辉的历史文化中，是一颗灿烂的明星，在世界艺术的百花园中，亦独树一帜，具有鲜明的民族特色。玉雕艺术是中国传统手工艺中延续时间最悠久的一种，据史料记载，已有7000年以上的历史。各个时代的玉器反映出各个朝代政治思想、艺术风格，也反映出人与人的相互关系和社会地位。每件产品均有其特色的产生环境，玉的器型纹饰都有其特定的文化内涵。

据考古学家研究指出，我国在商朝时代，已将玉琢磨成各种器具，其中包括适用的工具、武器、装饰品，以及祭祀与宗教上的用品。而在商朝以前，虽然也有玉器具，但在雕刻切磨技术方面，都是自商代起才大有进步，这时不仅品种繁多，而且雕刻技术已进入新境界，技巧高妙的玉工，配合阴文阳文线条的应用，雕

琢出无数难以比拟的旷世奇珍。

综观当今的玉雕作品，无论从题材、纹饰、造型等方面都是在继承前人的基础上有所发展和创新。下面我们就从玉雕的品种造型上来看一看现代玉雕的特点。

人物类

现在创作构思人物题材更加注重人体的结构比例、动态，不但有单个人物造型，还有群组人物的构图形式。仕女、孩童、佛像、仙人等整体造型各有特色，仕女面容秀丽动人；佛像的面目鼻正口方，垂帘倾视，两耳垂肩，大多是立体的人物造型，对面部、手部及衣纹的处理，强调了透视、明暗、转折，使人物形象更加丰满。人物陪衬物也讲究其在作品中的位置、角度，体现层次、疏而不空、密而不塞，并和主题人物相协调。季节气候、时代背景、生活环境等都和人物的身份、性格、习惯、爱好等相适应。

■ 玉雕的品种很多，主要有人物、器具、鸟兽、花卉等大件作品，也有别针、戒指、印章、饰物等小件作品。中国的玉雕作品在世界上享有很高的声誉。

特别是扬州的人物山子雕作品，在吸取清代山子造型特点的基础上，创作出了景物相结合的多层次作品。人物、动物、飞鸟、树木、流水、山石层次分明，各具形态，将中国山水画中的散点透视法运用到玉雕创作中，取景、布局、题词、落款、印章等都渗透着绘画的章法。最杰出的代表是中国工艺美术大师顾永骏设计的碧玉《聚珍图》玉山子，它以中国著名的佛教石刻艺术为题材，集四川乐山大佛、大足石刻、河南洛阳龙门大佛和山西云冈石佛之精美，融奇

峰秀水于一体，雕刻了一件美不胜收的福地仙境作品，并且层次分明，具有高低远近的立体效果，其造型圆浑典雅，给人以美的享受。

器皿类

当今器皿类玉雕作品在继承了传统杯、碗、洗、壶、炉、瓶、薰、鼎等器型基础上，造型比例得当，对称周正。同时在借鉴青铜器造型的基础上，结合玉雕技法的特点，标新立异，将传统的炉、薰、瓶同玲珑剔透的玉链相结合，如《白玉五行塔》《白玉宝塔炉》就是其代表。玉链条的工艺特点是“小料大做”，将一块玉料的高度在做成作品后达到翻倍的视觉效果，用行话来讲，也就是将产品做高、做大了，不仅提高了作品的经济价值，也增强了炉、瓶类产品的美感。既表现出动与静、虚与实、大与小、曲与直的对比，也增强了空间感。器皿的耳、盖、提头及两耳的面积分布合理，器皿的造型大多稳重、严谨、浑厚、古朴。

■ 玉雕器皿具有双重性，一是实用性，二是欣赏性。它的构思与工艺涉及美学、史学、几何学和建筑学，所以在创作造型时，重点要突出作品的整体感。不论表现何种题材的内容，都应选择适宜整体造型的表现形式。造型的整体有助于体现玉雕作品的材质美和人们欣赏的视觉美。

值得一提的是，链条类产品的提头造型，借鉴了古玉礼仪器的形制和图案并加以变化。以古螭虎纹、龙凤纹为主，间以吸收八宝、植物等的造型，大胆应用“S”形结构，讲究古玉造型的线条美，使线的曲直张驰有力，给人以无穷的动态美，在不大的面积上，采用阴线、镂空、双面透雕的手法，创作出了一件件不一样的作品。有的还在提头的中下部加雕一小吊坠来调节两根链条之间的空间，使链条产品的造型更趋完美。一身、一盖、一提头、一吊坠，这样的器皿类链条产品不但端庄厚重，而且透丽精致，有着另一种艺术风格。

■ 作品采用紫绿色相间、透澈亮丽的优质翡翠制作而成。这颗玉雕白菜，菜心紧密相裹，菜叶疏密玲珑，结构准确，纹理仿佛天然形成，尤其是叶子的变化翻卷无一处雷同，根茎的雕琢粗犷之中又见镂空。

花卉雀鸟类

玉雕花卉品种和雀鸟品种统称花鸟类产品。随着镂空技法的发展，在吸收古代花鸟题材写实的基础上，花鸟类产品从构图章法到细部刻画都有新的变化，穿枝过梗，疏密有致，作品中上鸟俯视、下鸟仰视，相互呼应。常用的花鸟有梅、兰、竹、菊、松、牡丹、月季、茶花、杜鹃；凤凰、仙鹤、绶带鸟等，师法自然，追求逼真。打破了传统花鸟类造型简单、技法单一的缺点。在产品设计的布局上不但讲究整体造型、对比关系，还注重产品的季节、习性，这样使情趣更生动，造型更准确。如由中国工艺美术大师江春源设计的、获首届中国玉雕作品天工奖金奖的白玉《福寿满堂》，将花、鸟、树木、孩童等玉雕常见的品种集于瓶体周围，布局合理，主体与配体协调自然，塑造了枝繁叶茂、生动活泼、欣欣向荣的人间景象。

而玉雕白菜作品更是将瓜果蔬菜品种的玉雕作品推向了一个新的高度，它结合了牙雕白菜及故宫珍藏清代玉雕白菜的特点，创造了全新的造型和雕刻技法。一件件白菜作品风格各异，虽材质不同，技法要求不一样，但在造型上十分讲究空间的对比度、外轮廓线节奏感和整体的完美性。其梗叶的翻卷、昆虫的姿势、根须的处理等细节也非常逼真，是现代玉雕中的一个新的亮点。

动物类

动物类题材在现今的玉雕创作中，更多的是以把玩件、小件类产品作为表现的对象，特别是十二生肖及其他吉祥物的组合是最多的。表达了设计者对美好生活的憧憬、向往和对人们幸福生活的祝愿。技法上既有平面浮雕，也有立体圆雕、镂空雕。用线流畅、生动自然。造型上大多圆浑，讲究线面的结合，注重表现玉的质感。既考虑到动物各部位的比例，又不拘泥于原型的比例关系，在运用夸张手法的同时，又注意动态的合理性。骨骼清楚，肌肉丰满健壮，五官形象特征明确。立、卧、行、走、奔等各种姿态合乎美的法则。黄玉《对狩》、胆青玛瑙《母子情》是当今动物类扬州玉雕的代表。

■ 动物玉雕表达了设计者对美好生活的憧憬和对人们幸福生活的祝愿。技法上既有平面浮雕，也有立体圆雕、镂空雕。用线流畅、生动自然。

在这里，虽然将现代玉雕品种和古玉的种类采用了不同的分类方法，但在题材、技法、造型上都是一脉相承的。现代的玉雕作品更多的为装饰玉器，即陈设用玉、佩饰用玉两大类。大多用于自己欣赏或馈赠亲朋好友。玉雕作品受到了越来越多人

的喜爱，不仅成为装饰室内、美化自己的新时尚，而且也受到收藏人士的青睐，不少收藏家已涉足玉器精品的收藏。

■ 现代的玉雕作品更多的为装饰玉器，不少收藏家已涉足玉器精品的收藏。东方文明的智慧在玉器上闪烁着璀璨的光芒，它是中国传统手工艺中最富魅力的一种，值得我们珍爱。

千百年来，中国玉器与中国文化同时发展，不断适应时代的需求，在发扬传统的同时，深入研究，在变化中求统一，推陈出新。鲁迅先生说过：只有民族的，才是世界的。中国玉器的特殊魅力，体现在纷繁的造型上，体现在特殊的用途上，体现在精湛的琢磨工艺上，体现在博大精深的文化意蕴上。所以，当今的玉雕事业还会不断地向前发展，无论在题材、品种、技法、造型上都会创造出新的特色来，它将日益丰富多彩，与人类的文明同在，与时代精神共同发展进步。

我国玉雕的雕刻技法

阴刻线：指在玉器的表面琢磨出下凹的线段，有单阴线或两条并行的双刻阴线。汉代以前的阴线段大多极浮浅，由一段段短线连接而成，若断若续，这是砣具旋转轻起轻落形成的，一般称之为“入刀浅”“跳刀”“短阴刻线”。

■ 玉雕技法隐起：在线条或块面外廓略减起，形成隐约凸起，触之边棱不明显，红山文化即采用。

勾彻：按设计的花纹勾出浅沟形凸起线条叫“勾”，也称阳线，商代时常用。把一边的线墙磨出一定的形体叫“彻”，西周时为单彻，即一面斜入刀，另一面为阴刻线，也产生阳文凸起的效果，俗称“一面坡”。

隐起：在线条或块面外廓略减起，形成隐约凸起，触之边棱不明显，红山文化即采用。

浅浮雕：利用减地方式，挖掉线纹或图像外廓的底子，造成线饰凸起的效果。良渚文化的玉琮及兽面眼、口、鼻即用浅浮雕。

高浮雕：挖削底面，形成立体图

形，并加阴线纹塑形，始于战国，明清时流行。

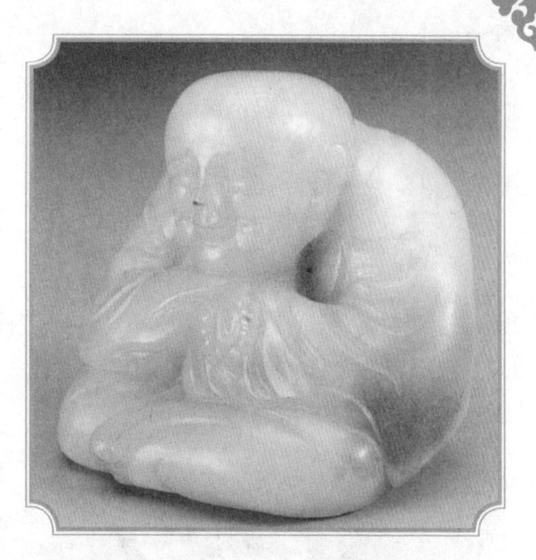

圆雕：立体造型人物、立兽等，红山文化及商代玉器中经常出现此类的玉器。

活环：将玉料削琢成相连的活动环索，可延伸玉料的跨度，春秋时即已采用。

镂空雕：又称透雕，在穿孔的基础上加以发展，最早见于良渚文化镂空的玉冠状饰。镂空雕的程序是先在纹饰外廓等距的地方钻管打孔，再用线锯连接形成槽线。商代时镂空玉凤的镂空剖面很平滑，说明当时镂孔对接技术已非常娴熟。元代的镂雕技术有了新的发展，透雕的玉炉顶、荷花芦叶穿插多达三四层，十分玲珑剔透。

■ 底子雕刻：铲削后的器面、器壁，古代人制作玉器精益求精，纹饰底子也不惜工本，注意削平磨光，因而十分平整。

花下压花：由多层透雕发展而来，所制玉器巧妙地以细密镂空纹饰为底纹，衬托表面半浮雕手法琢制的龙纹或花草造型，形成两层、三层或多层有浮雕的装饰面。

打孔：红山文化时打孔的形式就很丰富，当时用竹木、皮革钻具，借助于中介水砂钻磨，硬度极低，造成孔洞口沿磨损，两面钻孔的对接不够准，孔径壁有条痕等。良渚文化打眼、穿孔的技术有所提高，玉琮的射径内壁均很光滑。先秦以前由于钻孔的工具原始，孔洞多呈马蹄形眼（单面钻）、蜂腰眼（对接孔洞）。战国以后使用铁钻头穿孔，形成整齐的管状。汉代时能钻制复杂的人字眼（如玉翁仲）、象鼻眼等玉件。

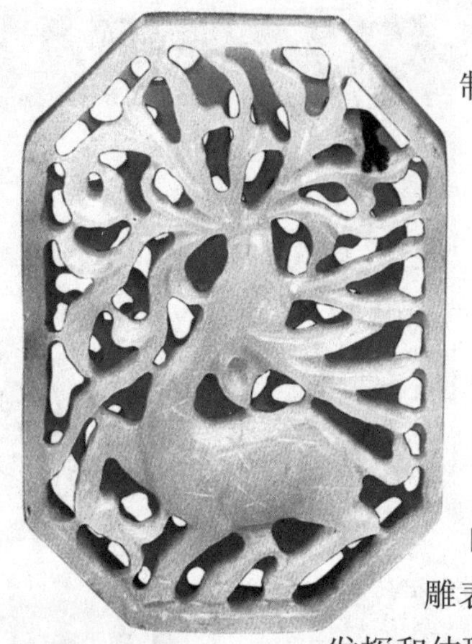

底子：铲削后的器面、器壁，古代人制作玉器精益求精，纹饰底子也不惜工本，注意削平磨光，因而十分光滑平整。

挖膛：琢制玉器内腹部技术，良渚文化时的高筒玉琮已显示出挖膛技巧的高超，清代的鼻烟壶制作更追求薄壁，使这一技术更趋娴熟。

抛光：分粗光、精光，战国以后的玉器很注重最后的抛光工序，使玉雕表面的晶莹润泽的玻璃光泽得以充分发挥和体现。

■ 剪影雕刻：雕出的人物或动物采用正侧面剪影的手法，如同剪纸一样，抓住主要的特征，用熟练而准确的轮廓线勾勒出生动的艺术形象来。

剪影：所雕出的人物或动物采用正侧面剪影的手法，如同剪纸一样，抓住主要的特征，用熟练而准确的轮廓线勾勒出生动的艺术形象来。

汉八刀：汉代独有，所雕玉器仅“八刀”即可形成，称之为汉八刀，如玉猪、玉蟑等。

跳刀：汉代独有，汉代阴线纹细如游丝，由许多短线连缀而成被称之为跳刀。虽若断若续但线条依然流畅，有的阴线还以极细微的圆圈陪衬。

俏色：利用玉料本身的不同的天然颜色，巧妙地琢刻成物体外表的肤色或器官，若能雕刻的恰如其分，则有巧夺天工之妙。俏色是玉雕工艺的一种艺术创造，不同于绘画、彩塑，也不同于雕漆、珐琅，它只能根据玉石的天然颜色和自然形体“按料取材”、“依材施艺”进行创作，创作受料型、颜色变化等多种人力所不及的因素限制。一件上佳俏色作品的创作难度是很大的，其价值也是很高的。

中国历代玉雕的特点

玉器是从玉工具发展而来的，从新石器时代到明清时代，从玉器形成到成熟，都呈现出独特的风格和工艺。1958年在南阳黄山仰韶文化遗址中出土的圭形玉铲可以看作是玉器诞生的标志。殷商时代，玉石大量用来制作礼仪用具和各种佩饰。西周玉器的特色是出现了琮、璧、璜、圭等礼器。春秋战国时期，琢玉工具得到了改善，雕刻工艺也不断提高，出现了浮雕、半浮雕和精湛的透雕技法。玉器成品常见有玉璜、玉琮、玉璧、玉镯、玉环、玉剑饰、龙形佩、成对器形玉件等。采用的玉材多为青玉和黄玉，白玉少见，亦有采用“独山玉”的。

■ 春秋战国时期，政治上诸侯争霸，学术上百家争鸣，文化艺术上百花齐放，玉雕艺术光辉灿烂，此时玉雕展现承袭了西周玉雕的基础，同时又包含了新时代的新思想。

西汉继承了春秋战国器形特点，同时增加了新品种，新疆软玉也源源流入中原。东汉除出现了白玉料的玉璧、玉环、鸡心佩、剑佩、带钩外，用于殉葬的“明器”和各式容器、玩赏品种也大量出现。玉质有青玉、黄玉、墨玉和白玉。白玉成为玉中上品。

魏、晋和南北朝时，石刻的风行使玉器制作少被重视。传世的器物很少，但图案清晰，十分秀丽。玉材有青玉、黄玉，白玉很少。

唐代玉器出现了花鸟、人物饰纹，器物富有浓厚的生活气息，并增加了有实用价值的杯、碗、盅等。玉器图案大量采用缠枝花卉、瓜果鸟兽、人物飞天、虫鱼为主要题材。刀法不乱、布局均匀、细而厚重是唐代玉雕的独特的时代风格。

■ 元代的雕工既没有唐代器物的遗韵，也突破了宋代琢工。雕琢有粗有细，但粗犷的刀法深厚，颇有古风，细致得出奇，兽件上雕刻的毛发，刀法流畅，刻出的云纹上下翻腾，气势磅礴。

宋代在玉器制作上也反映出民族和地方特色。玉器以花、鸟、兽类为主，以龙凤呈祥图案为多。实用品有杯、洗、带板，陈设品主要有兽、鱼。当时，盛行做古玉器。仿古器形有青铜器、佩件，如剑饰、带板、佩饰等，玉材主要有白玉、墨玉、青玉，其中最多的是青玉和白玉。

元、明、清是我国玉雕工艺的繁盛时期。元代的雕工既没有唐代器物的遗韵，也突破了宋代琢工。雕琢有粗有细，但粗犷的刀法深厚，颇有古风，细致得出奇，兽件上雕刻的毛发，刀法流畅，刻出的云纹上下翻腾，气势磅礴。这时期出现了“凸雕法”和“透雕法”，尤其凸雕的细工碾磨技法，更是前所未有。

明代，扬州出现了大

型玉器和以苏州为中心雕琢各种精巧的玉器，又由于新疆玉材的大量入关，玉雕技法不断提高，作坊林立、人才辈出，名作极多，在我国制玉史上出现了空前的繁荣。玉雕刀法出现了“三层透雕法”，镂雕十分精细，艺术性很高。题材也多，常见有松竹梅、花果、松鹿、人物、鸟兽、缠枝花卉等。

■ 透雕使玉雕作品层次增多，许多作品花纹图案上下起伏二三层乃至四层。由于层次增多，花纹图案、景物上下交错，景物远近有别。虽然其工艺复杂，制作难度较大，然而透雕艺术效果最佳。

清代，特别是中期，玉雕工艺达到了新的高峰。乾隆年间北京城为全国的制玉中心，并召集各路能工巧匠献艺，出现了“俏色做法”“半浮雕”“透雕”等各种琢法。清代玉器雕琢得十分可爱，大小器件玲珑精致形象逼真。玉料选用也相当严格，但只要是符合要求的玉材，无论是白玉、碧玉、墨玉、黄玉等都被采用。故宫博物院“珍宝馆”珍藏的精品展现了明、清两代玉雕精华，其中大型玉雕“大禹治水图”特别引人注目。流传民间的小件玉器，无论山水、花卉、人物、花鸟、飞禽、走兽，都雕得活灵活现、栩栩如生。

我国玉雕的图案、题材

传统图案

玉雕传统图案及造型讲究图必有意，意必吉祥，表达人们内心对幸福生活的向往与追求。汉代玉器上已有一些图案和铭刻有祈祷幸福、希冀祥瑞、免灾祛祸的意义，但真正成为一种时尚和形成较为固定的组合图案，大约还是进入明清以后。当时，人们所追求的高官厚禄、金榜题名、健康长寿、多子多福、吉祥如意等，几乎都被作为玉雕表现的题材。现介绍如下：

■ 龙凤呈祥：图案为一龙一凤。有龙凤出现的地方会天下太平，五谷丰登，所以它是一种祥瑞的象征。

1. 吉祥如意类。龙凤呈祥：图案为一龙一凤。龙是中国文化的象征，中国古代人认为它是鳞虫之长，有变幻无穷的本领。凤为百鸟之王。有龙凤出现的地方会天下太平，五谷丰登，所以它是一种祥瑞的象征。

二龙戏珠：图案为两龙头部相对，共含一火球。民间传说认为龙珠可以避水火等灾害，故以此图案祈求避邪免

灾、祥和如意。

喜上眉梢：图案为梅花枝头上有两只喜鹊。古人认为鹊能报喜，故称喜鹊。两鹊寓双喜，梅谐眉音。

报喜图：图案为一豹一喜鹊。豹音同报。

三星高照：图案为三个老神仙。三星是传说中的福星、寿星、禄星。他们专管人间祸福，各司福、禄、寿职。本图案象征幸福、富有、长寿。

■ 年年有余：图案为两条鲶鱼。两鲶鱼谐“年年”，鱼同余。民间以此表示对温饱型小康生活的向往。

流云百福：图案为云纹、蝙蝠。云纹形若如意，绵绵不断，蝙蝠寓福。本图案象征幸福如意或幸福绵延无边。

必定如意：图案为毛笔、银锭、如意。“笔”谐“必”音，锭音定，合为“必定如意”之谐音，寓必定实现如心遂意的愿望。

年年有余：图案为两条鲶鱼。鲶谐年音。两鲶鱼谐“年年”，鱼同余。民间以此表示对温饱型小康生活的梦想与向往。

群仙贺寿：以神话传说中3月3日王母娘娘生日，各路神仙前来祝贺的场面作为图案，取喜庆吉祥，平安之意。

福从天降：图案为一个活泼可爱的胖娃娃正伸手抓一只飞蝙蝠。意为盼望的幸福就要降临。

2. 长寿多福类。龟鹤齐龄：图案为一龟一鹤。中国古代人认为龟寿万年，鹤寿千岁。以两者作为长寿

■ 松鹤延年：图案为仙鹤、松树。松除长寿外，还是气节的象征物。松鹤构成一图，是长寿与气节清高的象征。

的代表，寓同享高寿之意。

鹤鹿同春：图案为一鹤一鹿与松树。鹤是仙鹤，鹿为梅花鹿。仙鹤与梅花鹿都是传说中的仙物，是长寿和永久的代表。松比喻生命力旺盛。鹤鹿同春有富贵长寿之意。

松鹤延年：图案为仙鹤、松树。松除长寿外，还是气节的象征物。松鹤构成一图，是长寿与气节清高的象征。

福禄寿喜：图案为蝙蝠、鹿、桃、“喜”字。蝙蝠之蝠音同幸福之福，鹿同禄，桃为仙桃，传说食仙桃可长生不老，故桃寓寿。

五福捧寿：图案为五只蝙蝠围着一只仙桃或一个寿字。古人心目中五福是：一曰寿、二曰富、三曰康宁、四曰修好德、五曰考终命。

多福多寿：图案为一枝仙桃、数只蝙蝠。

福寿双全：图案为蝙蝠一、寿桃一、古钱二。钱意为禄。此图案象征福、禄、寿。

福寿三多：图案为一蝠一桃一石榴（或莲）。榴取多子之意，全图为多福多寿多子。

三多九如：图案为蝙蝠、寿桃、石榴、如意。三多已如前条所述。九如指“如山之阜，如冈之陵，如山门之方至，如莫不增，如月之恒，如日之升，如南山之寿，不骞不崩，如松柏之茂，无不尔或承”。

福在眼前：图案为一蝙蝠、一古钱。眼前（钱），有孔之古钱，旁加一蝙蝠，寓意为幸福就在眼前。

福至心灵：图案为蝙蝠、寿桃、灵芝。此处桃借其形如心；灵芝，借灵字。全图意为得到幸福后会更加聪明。

寿比南山：图案为山水松树或海水青山。典出《诗经》：“如南山之寿”。图意寿比南山之久，福比东海之大。

麻姑献寿：图案为麻姑仙女手持寿桃。据古书记载，麻姑是仙人王方平的妹妹，妙龄美艳，有仙术，曾为王母贺寿。此图案借用此故事来庆贺寿永。

长命百岁：图案为一雄鸡伸颈长鸣，鸡旁有许多禾穗（百岁）。以此祈求长命百岁。

长命富贵：图案为雄鸡伸颈长鸣和一支牡丹花。牡丹为百花之王，是富贵的象征。全图是表示长命且富贵的希望。

■ 麻姑献寿：图案为麻姑仙女手持寿桃。据古书记载，麻姑是仙人王方平的妹妹，妙龄美艳，有仙术，曾为王母贺寿。此图案借用此故事来庆贺寿永。

3. 多子多孙类。流传百子：图案为一开嘴石榴或子孙葫芦、葡萄。中国传统文化认为多子多孙即是福。石榴籽、葡萄常用来表示多子之意。子孙葫芦则喻子孙万代。

连生贵子：图案为荷花中有一小孩。荷花之果实是为莲子，以此借喻连续、连绵之意。此图表达希望人丁兴旺的心理。

麒麟送子：麒麟为祥瑞之兆，其上刻一小孩，表达那些新婚男女，如果婚后多年没有子女，就人丁不旺、盼望得子的强烈愿望。过去，尤其妇女，如果多年不能养育，就有被休的危险。

4. 安宁和平类。平安如意：图案为瓶、鹌鹑、如意各一。瓶谐平音，鹌音同安，合称平安如意。希望和平与安宁，诸事遂愿之意。

一路平安：鹭鸶、瓶、鹌鹑各一。“一鹭”寓“一路”。整个图案为祝旅途安顺之意。

岁岁平安：图案为麦穗、瓶、鹌鹑。穗音岁。意为“岁岁平安”。

事事如意：图案为柿子、如意。柿音同事。意为每一件事都会如人所愿。

■ 麒麟送子：麒麟为祥瑞之兆，其上刻一小孩，表达那些新婚男女、人丁不旺、久婚不育者的家庭盼望得子的强烈愿望。

诸事遂心：图案为几个柿子、桃子。几个柿子指代“诸事”，桃形如心。寓诸事遂心。

万象升平：图案为一大象身上刻有“卐”字花纹，腰负一瓶。“卐”读“万”音。象身上有一瓶，意即万象升平。

四海升平：图案为四个小孩共抬一瓶。孩音“海”，借此表示四海升平之意。

5. 科举及第和官运亨通类。喜报三元：图案为喜鹊两只，桂圆或元宝三件。古时将科举会考乡、省、殿的第一名，称为解元、会元、状元，喜鹊为报喜鸟，三桂三元宝寓之以三元。

马上封侯：图案为一马上一蜂一猴。蜂音封，猴音同侯。以这种图案表示急于飞黄腾达的主观愿望。

太师少师：图案为一大一小两只狮子。太师是古代人臣极品的高官，借狮为师，寓太师、少师、少保。系教子成龙、辈辈高官的意思。

平升三级：图案为一只瓶上插三支戟。瓶音平，戟寓级。用此表示官运亨通的愿望。

6. 其他。八宝联春：图案为相连的8件宝器。有佛家八宝与仙家八宝之别。佛家八宝为法螺、法轮、宝伞、白盖、莲花、宝瓶、金鱼、盘长。仙家八宝则为渔鼓、宝剑、花蓝、笊篱、葫芦、扇子、阴阳极、横笛等8件。

■ 喜报三元：图案为喜鹊两只，桂圆或元宝三件。古时将科举会考乡、省、殿的第一名，称为解元、会元、状元，喜鹊为报喜鸟，三桂三元宝寓之以三元。

八仙过海：图案为8个仙人各持法宝，在波涛汹涌的大海上显示法力。取材于八仙故事。八仙为张果老、吕洞宾、韩湘子、曹国舅、铁拐李、汉钟离、何仙姑、蓝采和。

英雄斗智：图案为一鹰一熊作争斗状。二兽凶猛无比，是力量的象征。鹰音同英、熊音同雄。比喻智勇无比。

现代玉雕

现代玉雕则题材广泛，造型丰富。天地日月、名山大川、江河湖海、花鸟鱼虫、神话故事、自然风景、历史事件……都可以在一件件玉雕作品中表现出来。

玉璧的渊源、用途、鉴定

■ 龙山文化泛指中国黄河中、下游地区约新石器时代晚期的一类文化遗存。铜石并用时代文化，因首次发现于山东历城龙山镇（今属章丘）而得名。龙山文化的玉璧，其代表着中国史前玉器制作的最高成就。

玉石被人们发现和使用，有着悠久的历史。根据实物考证，早在新石器时代晚期就有少量的玉石器出现，特别是红山文化、良渚文化和山东龙山文化的玉器，代表了中国史前玉器制作的最高成就。现就玉器中的玉璧谈谈它的渊源、用途及其如何鉴定。

在未谈到璧的具体情况之前，不妨先将有关璧的民间故事叙述一下：一则是在我国春秋时，楚人卞和，一次在山中得一块璞玉，献给历王，王使玉工辨识，说是石头，以欺君之罪断其左足。后武王即位，卞和又献玉，仍以欺君之罪断其右足。及文王即位，

卞和抱玉哭于荆山之下，文王派人问他，他说："吾非悲刖也，悲夫宝玉而题之以石，贞士而名之诳。"文王命人剖璞，果得宝玉。故称之为"和氏璧"。另一则是战国时，赵惠王得楚和氏璧，秦昭王"遗书赵王，愿以十五城请易璧"。时秦强赵弱，赵王惟恐给了璧，得不到城，蔺相如自愿奉璧前往，他说，"城入赵而璧留

秦，城不入，臣请完璧归赵。”后来蔺相如至秦献璧，见秦王无意偿城，就设法取回原璧，见《史记·廉颇蔺相如列传》。后用“还璧归赵”典故比喻物归原主。又有人有馈赠，不受而还之曰璧，比如璧谢、璧还、敬璧等典故。

所谓璧，《尔雅·释器》指出：“肉倍好，谓之璧。”邢禹疏：“肉，边也，好，孔也，边大倍于孔者名璧。”把璧的形制讲得十分清楚，即璧呈扁圆形，中心有一圆孔，与此器近似的还有玉瑗，玉环。三者的名称，由中心的圆孔大小来决定，大孔者为瑗，小孔者为璧。孔径与玉质部分边沿相等的造型为环。

■ 玉璧是中国玉器中出现最早并一直延续不断的品种，是很重要的瑞玉。战国至两汉是玉璧的鼎盛时期，用玉选料极精，制作工艺极细，花纹形式多变，饰纹种类极为丰富，使用范围大增，数量也属历代之冠。

对于璧的渊源发展，说法不一，归纳不外乎有这几种意见：一种认为璧源于环，首先是一种装饰品；一种认为璧源于人们对日月神崇拜的宇宙观而演绎形成的。笔者认为不管是源于环或是受到日月圆形的影响也好，追本溯源地分析，璧的形成应该说是与人们的形象思维有着密切的关系。所谓形象思维，指的是客观事物在人们头脑里形成的反映。特别是进入奴隶社会的发展时期，使玉和玉器有了神灵和迷信的色彩，成为人们权力的标志和等级制度的象征，享用圭、璋、琮、璧等礼器，以显示贵族的身份、豪富。《周礼·考工记》载：“璧琮九寸，诸侯以享天子。”说明王者用玉的严格规定。

■ 在古代，璧是一种重要玉器，使用年代之长、品种之多是其他玉器不能相比的。璧有以下几种用途：一为礼器，二为佩玉，三为礼仪馈赠品，四为葬玉。

另外还以玉祭祀祖先，人死后还要以玉陪葬，战国乃至秦汉时期的墓葬中，一般都有玉璧陪葬的习惯，这说明墓主都有一定身份。正如摩尔根在《古代社会》一书中谈到印第安人财产观念时指出："生前认为最珍贵的物品都已成为已死的所有者的陪葬品，以供他在幽冥中继续使用。"这一点在殷墟妇好墓以及1972年陕西凤翔南指挥乡秦墓出土的两件大型玉璧上（一件直径19厘米，另一件直径29.7厘米）就可以得到证实。

至于谈到玉璧的用途，也是众说纷纭，莫衷一是，有的认为它是祭祀天地的礼器，《周礼·春官》云："以苍璧礼天，以黄琮礼地。"有的认为它是古代权力的标志和等级制度的象征。另外还把璧、琮、圭、璋、珙、琥等称之为"六瑞"和"六器"，这些都是史书上的说法。有的认为它是一种装饰品，因为它制作精致，美观大方，适宜人们用作佩饰，这也有一定道理。再有的认为它是陪葬品，因为在许多古代墓葬里出土过大量玉璧，如1982年江苏草鞋山198号墓前和武进县寺墩墓葬的第三号墓里出土了100多件器物，其中绝大部分是玉器，璧、琮就占有五六十件之多，同时在《周礼·春官》里也有"驵圭、璋、璧、琮、琥璜之渠眉，疏璧琮以敛尸"的记载，充分说明古人以玉器敛尸的事实。除此之外还有的认为，璧还有一种特殊的用途，即作为一种信物，传达某一种特殊的信息。

《荀子·大略》载：“问士以璧，召人以瑗，绝人以，反绝以环。”说的是古时进行国事访问时，用璧表达相见之礼，在各国交往时，也往往用璧作为瑞信，既表示祝贺吉祥，同时又是一种凭信。

究竟如何鉴定古代的玉璧？笔者在实践中的粗浅体会是：一般来说早期玉璧的特征，即新石器时代晚期玉璧的形态，应朴质无纹饰、多素面，而且肉好之比例无定制；到春秋战国时期，玉璧开始出现有纹饰的浅浮雕，常见的有谷纹、璃纹、鸟纹、龙纹、虎纹、勾连纹等，很少素面；两汉时期的玉璧制作规整，纹饰繁褥，而且有多层次纹饰来装饰璧面的特点，典型的有弦纹、谷纹、兽纹、蒲纹、卧蚕纹等纹饰组合在璧面上；自汉以后，玉璧便逐渐少了，人们也不太崇尚。

■ 玉璧中应引起重视的是素璧、谷纹璧、蒲纹璧。素璧最早出现于新石器时代，最引人注目的有三个出土地。一是良渚文化遗址；二是广汉地区早期文化遗址；三是齐家文化遗址。

总之，玉璧由于它本身具有玉质的内在美、工艺美、历史美、纹饰美、意蕴美等特点，故历来受到收藏爱好者的青睐。

中国传统吉祥图案的造型特点

中国传统吉祥图案在遵循变化与统一的总原则的前提下，较为突出的造型特点有如下几个方面。

■ 吉祥图案在造型中不受具体形象的限制，往往服从视觉上的快感，而突破平凡的樊笼，体现出抽象形式的艺术美感。

具象题材、抽象运用

吉祥图案中的主要题材均直接或间接取自自然界和平民生活中常见的动植物、器皿、用具等。这些具象的事物的吉祥图案在造型中不受具体形象的限制，往往服从视觉上的快感，而突破平凡的樊笼，体现出抽象形式的艺术美感。

对称与均衡是构图的惯用手法

吉祥图案常常存在一中心线（或中心点），在其左右、上下或四周（三面、四面、多面）配置同形、同色、同量或不同形（色）但量相同或近似的纹样，这种组成形式称之为对称与均衡的构图。其中，对称与不对称是依据样纹占据空间位置的状况而言的，它交代了吉祥图案组织单元的布局；而均衡与不均衡指的是纹样各部分力量分布的状况，它决定着吉祥图案的平衡美感。通过对称与均衡的构图手法，使吉祥图案表现出与一般描绘图案不同的视觉效果，更加具有组织性，这正是美丽吉祥图案具备装饰属性的重要前提。

■ “吉祥”，其意为预示好运之征兆、祥瑞。早在殷周时期的玉雕及青铜器上，这便是“吉祥图案”或称“寓意图案”的发端。传统吉祥图案的繁复是有别于现代应用美术图案的一大特征。

繁复求变，乱中有序

传统吉祥图案的繁复是有别于现代应用美术图案的一大特征，但传统吉祥图案的繁复绝不是简单的罗列，单纯的重复，它更加讲究在纷繁中体现出节奏和韵律，对比与调和，将疏密、大小、主次、虚实、动静、聚散等做协调的组织，做到整体统一、局部变化，局部变化服从整体，即“乱中求序”“平中求奇”。这更增加了吉祥图案的层次和内涵，但从装饰应用的角度看，它对加工工艺的要求显然是比较苛刻的。

“吉祥”，其意为预示好运之征兆、祥瑞。语出《庄子·人间世》：“虚室生白，吉祥止止。”成玄英疏：“吉者，福善之事；祥者，嘉庆之征。”上古之时，便有将福善之事、嘉庆之征诉诸感性显现的形式，即绘成图画，俗称“吉祥图”或“瑞应图”。

早在殷周时期的玉雕及青铜器上，这便是“吉祥

■ 传统吉祥图案更加讲究在纷繁中体现出节奏和韵律，对比与调和，将疏密、大小、主次、虚实、动静、聚散等做协调的组织，做到整体统一、局部变化，局部变化服从整体，即“乱中求序”“平中求奇”。

图案”或称“寓意图案”的发端。如于北京平谷、河南郑州等地出土的商代铜器上，常饰有首尾相接的鱼纹，反映出当时的人们，已赋予鱼以“吉祥”寓意或“吉祥”象征，借“鱼腹多子”这一生物形态的现实存在，寄寓人们祈求多子多福的美好愿望和憧憬。

历代此种具有“吉祥”寓意的图像，正如“吉祥”寓意所企盼的那样：“瓜瓞绵绵”，赓续不断了。如春秋战国的铜镜，秦汉的瓦当、画像石，南北朝石窟壁画，隋唐碑雕、石刻，宋代陶瓷、织锦等，都作有丰富精彩的“吉祥”图像或曰“吉祥”图案。真正具有“吉祥”图案的审美文化蕴意及其形式美表现特征的，是绘制于汉灵帝刘宏建宁四年（公元171年）的《五瑞图》，左为黄龙，右为白鹿；下左二树四枝“连理”；中一嘉禾，禾生九茎；右有一树，树下一人举盘“承露”，乃中国现存最早的吉祥图案。另，三国吴主孙亮，制作琉璃屏风，上镂“瑞应图”，达一百二十种之多，可谓集吉祥瑞庆太平图案之大成。

元代之后，吉祥图案于民间广泛流行，至明清而大行其道，成为一种蔚为风气的民俗现象。俗谓“图必有意，意必吉祥”。此时的吉祥图案，除仍用于建筑、车舆及日用器物之外，已将应用的中心挪移到织物以及衣帽鞋履等服饰审美文化形态方面上来。我们对于吉祥图案有了概略的了解和认识，这样便可以对吉祥图案作出一个描述性的规定。

吉祥图案，即是运用谐音、嵌字、符号、象征或曰“象德”、比喻或曰“比德”等表现手法，采用传统的鼍画或曰生色、球路、连锁、拱壁、汉瓦、八搭韵、四向对称连续（即“四方连续”）等传统构图式样，并用于陶瓷审美文化形态之上的，以表达具有福善之事、嘉庆之征等审美蕴意的装饰性图案。

■ 元代之后，吉祥图案于民间广泛流行，至明清而大行其道，成为一种蔚为风气的民俗现象。俗谓“图必有意，意必吉祥”。

玉器印章的历史文化

■ 秦印的美不在于其品相，而是其本身文字的优美，过去篆刻家不太重视秦印出于种种原因；自南宋以后汉族文化实际上已迁移到长江以南，汉族文化也由于战事上的失利，使整个民族变得不自信，由雄健博大变得委婉阴柔，由开放自然变得规矩程式。

战国古玺

古玺是先秦印章的通称。我们现在所能看到的最早的印章大多是战国古玺。这些古玺的许多文字，现在我们还不认识。朱文古玺大都配上宽边。印文笔划细如毫发，都出于铸造。白文古玺大多加边栏，或在中间加一竖界格，文字有铸有凿。官玺的印文内容除有“司马”“司徒”等名称外，还有各种不规则的形状，内容还刻有吉语和生动的物图案。

秦 印

秦印指的是战国末期到西汉初流行的印章，使用的文字叫秦篆。看其书体和秦汉量、秦石刻等文字极相近，所以较战国古文容易认识。

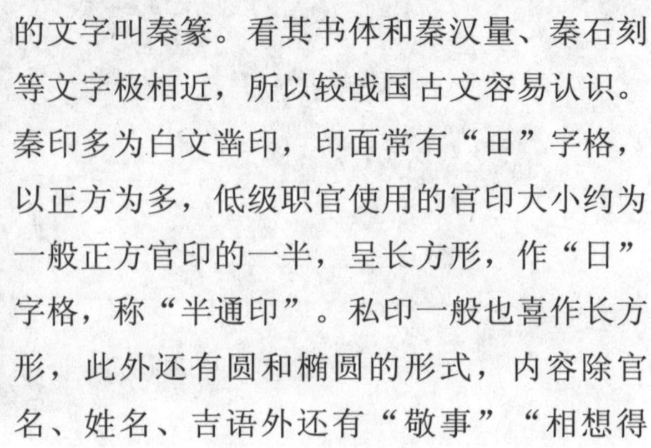

秦印多为白文凿印，印面常有“田”字格，以正方为多，低级职官使用的官印大小约为一般正方官印的一半，呈长方形，作“日”字格，称“半通印”。私印一般也喜作长方形，此外还有圆和椭圆的形式，内容除官名、姓名、吉语外还有“敬事”“相想得

志”“和众”等格言成语入印。

汉官印

广义地说是汉至魏晋时期的官印的统称。印文与秦篆相比，更为整齐，结体平直方正，风格雄浑典重。西汉末手工业甚为发达，所以新莽时代，（“新”为王莽的朝代名）官印尤为精美生动。汉代的印章艺术登峰造极，因而成为后世篆刻家学习的典范。

两汉官印以白文为多，皆为铸造。只有少数军中急用和给兄弟民族的官印凿而不铸，这在后面还要介绍。

汉私印

汉私印即为汉代的私人用印，是古印中数量最多、形式最为丰富的一类。不仅形状各异，朱白皆备，更有朱白合为一印，或加四灵等图案作为装饰的，进而有多面印、套印（子母印）、带钩印等。印文除了姓名之外，往往还加上吉语、籍贯、表字以及“之印”“私印”“信印”等辅助文字，钮制极为多样，充分显示了汉代工匠的巧思。两汉私印仍以白文为多，西汉以凿印为主，东汉则有铸有凿。

■ 汉私印，非受典章限制。印形、印文、装饰，较自由。印文人名后，有“之印、私印、之私印”等辅助文字。西汉前期的私印尽管数量不多，但质材丰富，类型也非常复杂，且禀承秦代印制的痕迹较为显著。由此可见，所谓的“汉承秦制”并不仅仅局限在政治制度上，同时也渗透到汉初社会生活的方方面面，反映在玺印的制作工艺上。

将军印

将军印也是汉官印中的一种。这些印章往往是在行军中急于临时任命，而在仓促之间以刀在印面上刻凿成的，所又称“急就章”。

将军印风格独特，天趣横生，对后的艺术风格有很大影响。汉代的将军用印，普遍都不称“印”而叫做“章”，这是军印的一大特点。

■ 汉玉印的制作水平相当高，印面文字精致，章法严谨，笔势圆转润泽。由于玉质的耐腐性，使它能经过漫长的岁月而较好地保留本来面目。汉玉印的庄重典雅，凝炼稳妥，高古秀丽，给人以雍荣华贵、气息纯正的审美情趣。

汉玉印

两汉玉印在古印中是十分珍贵稀少的一类。“佩玉”在古代也是名公贵卿和士大夫的一种高雅风尚。一般玉印制作精良，章法严谨，笔势圆转，粗看笔划平方正直，却全无板滞之意。由于玉质坚硬，不易受刀，也就产生了特殊的篆刻技法，即所谓的“平刀直下”的“切刀法”。又由于玉质不易腐蚀受损，从而使传下来的印比较好地保留了它的本来面目。

魏晋南北朝印

魏晋的官私印形式和钮制都沿袭汉代，但铸造上不及汉印精美。传世的给兄弟民族的官印，文字较多，用刀如刻如凿，书法风格表现为舒放自然，从而成为一个时期篆刻风格的代表。南北朝各国传世印章不多，官印尺寸稍大，文字凿款比较草率，官印未见铸印。

朱白文印

朱白文相间的印式在汉印中很见巧思，据说起自东汉。它的方式极为多样，朱白文字的位置安排及字数均可灵活变化，不受局限。朱白的原则大致根据笔划多少而定，朱文大多笔划较少，白文则相反，从而达到朱如白，白如朱的和谐效果，这类印大多为工稳的私印，未见用于官印。

子母印

子母印又称“玺印”，起于东汉，盛行于魏晋六朝，是大小两方或三方印套合而成的印章。大印腹空，可以合宜地套进一方或二方小印，形成母怀子的形状。也有套进一方两印（如右栏“郭意”印）成一组三方的。在一方印章的体积中，兼备了几方印的使用价值，古代印匠的工艺水平由此可见。

六面印

传世六面印实物较少。这种呈“凸”字形的印章，上面的印鼻有孔，可以穿带而佩，鼻端作一小印，连同其余五个印面故称六面印。传世六面印的一种典型风格为带边白文，每字为一行，密上疏下，印文竖笔多引长下垂，末端尖细，犹如悬针，所以有“悬针篆”的俗名。

这种风格虽然尚有笔意舒展、疏密相映的好处，但很容易流于庸俗，远不及汉印的质朴，故历来篆刻家只偶一为之。

图案印

图画入印自战国到汉魏都有，以汉代为最多，又称肖形印或象形印。形式多样，简练生动，除了人物、鸟兽、车骑、吉羊、鱼雁等图案外，常见以吉祥的四灵（龙、虎、雀、龟）入印的，这类印又称为“四灵印”。

杂形玺

战国以来的印章中，杂形玺也是甚为别致的一类。其式样没有定例，大小从数寸至数分不等，变化极为丰富，除了方圆长宽更有凹凸形印，方、圆、三角合印，二圆三圆联珠，以及三叶

■ 子母印铸有兽、龟等钮，外大印为母，钮作母兽，空其腹，内小印为子，钮作子兽，可套入大印内，合成母抱子状。1972年，文物工作者在云南省昭通市东郊二坪寨汪家梁堆一古墓中发掘到一方子母印，由大、中、小三个印互相联套成一体。

分展状等，朱白都有，不胜枚举。杂形玺因其独特的谐趣与官印的庄严、沉着的要求不同，故只用于刻制私印。

成语印

成语印自战国开始就有，使用的格言、成语达百余种。如“正行”“敬事”“日利”“日入千万”“出入大吉”等。成语字数不等，自一、二字始，多达二十字，其用途除了表示吉祥之外，也有为死者殉葬之用。

■ 图案印，又称肖形印或象形印，是印面只有图像并无文字的一种古代玺印。图案印又名蜡封或画像印。起源可上溯至战国时期。用途和今天打在火漆上的印章类似。印的上面带有象形的图案，只有用泥和蜡打在上面，才能看出其全貌，故称之为肖形印或蜡封。

封 泥

封泥又叫做“泥封”，它不是印章，而是古代用印的遗迹——盖有古代印章的干燥坚硬的泥团——保留下来的珍贵实物。

由于原印是阴文，钤在泥上便成了阳文，其边为泥面，所以形成四周不等的宽边。封泥的使用自战国至汉魏，直到晋以后纸张、绢帛逐渐代替了竹木简书信的来往，才有可能不使用封泥。后世的篆刻家从这些珍贵的封泥拓片中得到借鉴，用以入印，从而扩大了篆刻艺术取法的范围。

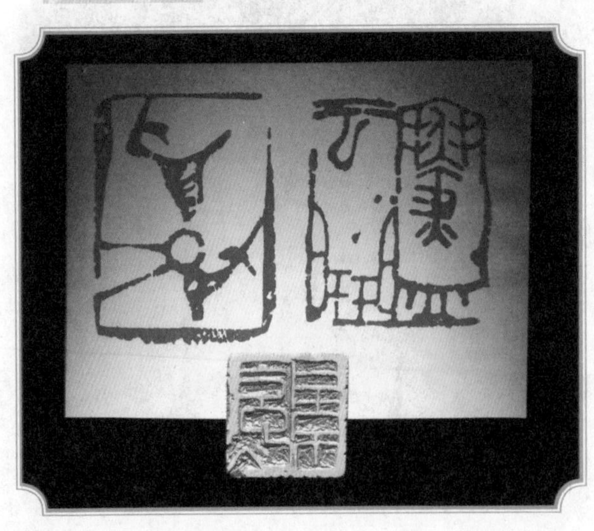

钮 制

古代的玺印大多有钮，以使在钮上穿孔系绶，系在腰带上，这就是古代的“佩印”方式。自汉代开始，以龟、驼、马等印钮来分别帝王百官。例如高级官吏使用龟钮、驼钮、蛇钮则是汉魏晋时授与兄弟民族等官印常见的钮制。历代钮制形式十分丰富，其中以坛钮、鼻钮、复斗钮为最常见。

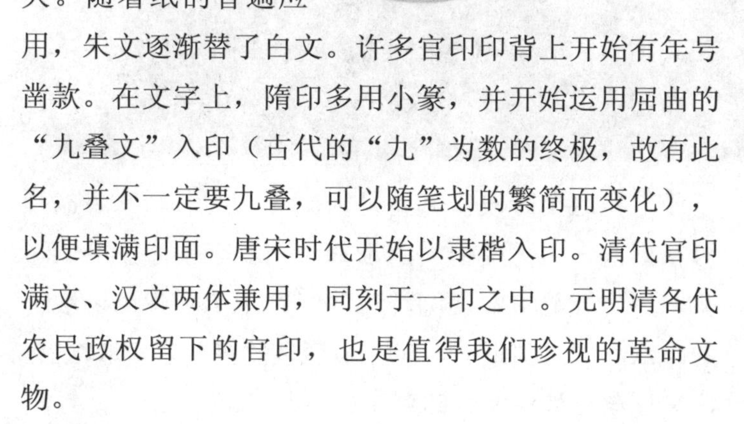

■ 封泥是一种官印的印迹，为古代缄封简牍钤有印章以防私拆的信验物，其主要流行于秦汉时期。封泥的正面是印文，背面有绳迹，形状不定，大多是不规则圆形，少数呈方形。封泥，不仅具有非同寻常的考古学术价值，更具有丰富的艺术内涵。

隋唐以来的官印

官印到了隋唐时代，印面开始加大。随着纸的普遍应用，朱文逐渐替了白文。许多官印印背上开始有年号凿款。在文字上，隋印多用小篆，并开始运用屈曲的“九叠文”入印（古代的“九”为数的终极，故有此名，并不一定要九叠，可以随笔划的繁简而变化），以便填满印面。唐宋时代开始以隶楷入印。清代官印满文、汉文两体兼用，同刻于一印之中。元明清各代农民政权留下的官印，也是值得我们珍视的革命文物。

花押印

花押印又称“押字”，兴于宋，盛于元，故又称“元押”。元押多为长方，一般上刻楷书姓氏，下刻八思巴文或花押。从实用意义上说，历代印章大都有防奸辨伪的作用。作为个人任意书写，变化出来的“押字”（有些已不是一种文字，只作为个人专用记号），自然就更难以摹仿而达到防伪的效果，因而这种押字一直沿用到明清时代。

宋元圆朱文印

魏晋以来，纸帛逐渐代替竹木简札。到了隋唐，印章的使用已直接用印色钤盖于纸帛。到文人画全盛时期的元代，由文人篆写，印工镌刻的印章已诗文书画合为一体，起到了鲜艳的点级作用，为书画家所

■ 官署印是指某官府衙门的公章，职官印是指某任官之官印。晋以前的官印多是职官印，官署印少见，至隋唐时才大量出现官署印并遗存下来。隋唐官印印文均与印体一同铸出，书体属小篆系统，但笔画圆转特甚，印面布局疏朗，每印均加细线边框，有时代风貌。

喜爱。在这个阶段，首先是宋末元初的书画家赵孟頫对篆刻艺术大力提倡。由于书法上受李阳冰篆书的影响，印文笔势流畅，圆转流丽，产生了一种风格独特的印章，即“圆朱文”印，为后世的篆刻家所取法。

兄弟民族文字的印章

宋以来的兄弟民族在汉民族文化的影响下，曾依据汉字书法创造了本民族文字，并把他们的文字仿效汉字篆体用于官印，传世也较少。所见的印文有金国（女真）书和元代八思巴文及西夏文篆书，其中有许多文字还不认识。

今体字印章

在汉字书法中，篆书由于具备很强的装饰性成为印章艺术的主体至今不衰。但秦汉以后，随着书体的演变，篆书已不是印章使用的惟一的书体。除了唐宋的隶楷印章和元代的押字，在魏晋时代就出现了隶楷入印的先例。清以来的篆刻家亦好尝试以今体（隶、楷、行草）入印，其中不乏佳作。由此使我们认识到，印章艺术的体现并不限于某一书体的使用，关键在于章法、书法、刀法的高度运用能力。

收集印、斋馆印、闲章

印章发展到了唐宋两代，作为欣赏艺术的一支日益发展。用以收藏、鉴赏、校订的专用印记开始出现。钤之于书画藏品，种类繁多。“斋馆印”是以文人书房、住室的雅称刻制的印章，如“楼、阁、馆、巢、院、斋、轩、堂等”不胜枚举，其实许多有名无实的（文征明就说过，他的书屋大都是建筑在印章上的）只不过是知识分子思想性灵的表现方式罢了。闲章源出古代吉语印，这些以诗文、成语、名言、俗谚入印的作品，进一步使篆刻由以往单纯的镌刻官职，名号的实用艺术，发展成为独立的具有文学含义的欣赏艺术，与诗文书画交相辉映。

■ 早期印文，除周秦古玺外，多用缪篆，方整妥帖，介于篆隶之间。后人改作圆篆，宋代贾师宪所藏书画，皆有古玉一字印，其篆法用唐代。宋代苏轼、苏辙兄弟表字印，岳飞二字玉印，都用小篆，属圆朱文印。

有“种”的翡翠

翡翠的种是指翡翠的绿色与透明度的总称，也有说法指翡翠的结构粗细和透明度。种是评价翡翠好坏的一个重要标志，其重要性并不亚于颜色，故有“外行看色，内行看种”的说法。在挑选翡翠的时候，不怕没有色，就怕没有种，这样说，并非绿色不重要，而是只有绿色的翡翠给人一种干巴巴的感觉，缺少一种灵性，因此，有种的翡翠不仅可以使颜色浅的翡翠显得温润晶莹，也使绿色均匀、饱满的翡翠晶莹明澈，充满灵气。

■ 澳洲玉为一种绿玉髓，又称南洋玉，因产于澳大利亚而得名。我国又称之为“英卡”石。澳洲玉因含氧化镍而呈苹果绿或粉绿色，质地细腻均匀，颜色均匀单一，半透明。

传统上将翡翠的种分为老坑种和新坑种。所谓老坑种是指绿色纯正、分布均匀、质地细腻、透明度好的翡翠。新坑种是指透明度差、玉质粗糙的翡翠。现在的分类方法可将翡翠的种分为以下几类。

1．老坑种：指颜色浓绿，分布均匀，质地细腻，如为玻璃底，则可称为老坑玻璃种，是翡翠中的极品。

2．冰种：晶莹剔透，冰底，无色，因此水头极好，属高档品种。

3．芙蓉种：呈清淡绿色，玉质细腻，水头好，属中高档品种。

4．金丝种：绿色不均匀，呈丝状断断续续，水头好，底也很好。

5．干青种：绿色浓且纯正，但水头差，底干，玉质较粗。

6．花青种：绿色分布不均匀，呈脉状或斑点状，属中低档品种。

7．豆种：玉质较粗糙，不透明，颗粒较粗大，带绿色者称为豆绿，属低档品种。

8．油青种：玉质细腻，透明度较好，表面具有油润感，绿色较暗，颜色不纯。

9.马牙种：质地粗糙，透明度差，呈白色粒状。

至于价值方面，当然是越往前价越高，十分靠后的，就是砖头价了。

当然，在谈论翡翠的种之前，首先要说明的是，这里提及的翡翠指的就是产自缅甸的翡翠。其余产地的，不在讨论范围之内。事实上，翡翠产地主要有缅甸和危地马拉，但是，我们中国人常接触的是缅甸翡

■ 翡翠的种也称为“翡翠的种头”，是对翡翠综合性的概括或划分，综合了翡翠内部矿物颗粒大小以及矿物颗粒之间结合的紧密程度的关系。行业人士所说的种主要指两个方面：一是指翡翠内部的矿物晶体颗粒的大小。二是按翡翠内部矿物晶体的致密度、硬度、晶体间的结合度来分。如：老种、新种和新老种。

■ 马来玉实质上是一种绿色脱玻化玻璃。因为外表酷似高档翡翠，又称马来翠，也有人称其为“准玉”或“依莫利石”，确切名称应是人造澳玉或人造绿玉髓。它在查尔斯滤色镜下呈灰绿色，在长波紫外荧光灯下无荧光。玻璃光泽，半透明。

翠。其他的诸如俄罗斯、日本、哈萨克斯坦等地产出的“翡翠”，并不能称之为翡翠，只能用翡翠的矿物学名称“硬玉岩”来称呼之。

上世纪80年代，在玉器市场上出现了一种绿色鲜艳而又均匀的玉石，做成的串珠或戒面，曾经蒙骗了不少人，以为它是“难得的高档翡翠”。但这种玉石究竟是什么呢？其实这种玉被称为马来西亚玉（简称马来玉，亦有称“马来翠”），这只不过是名称而已。马来西亚玉并不产于马来西亚，它是一些印度及巴基斯坦商人，在我国内地开放初期带入云南边界兜售的一种假翡翠的名称。所谓“马来玉”其实是一种染成绿色的极细粒石英岩，与翡翠相比存在明显的不同之处。

1. 肉眼观察，马来西亚玉的颜色过于鲜艳而十分不自然。

2. 马来西亚玉的比重为2.56，远小于翡翠的比重3.24—3.43。

3. 马来西亚玉的平均折射率为1.55，比翡翠的折射率低。

4. 在查尔斯滤色镜下颜色不会变红，但在10倍镜下可观察到染色剂存在，即颜色很浮，是人工染色的现象。

市场上也有用辽宁省出产的岫玉蒙事的。不过，岫玉的鉴别很简单。

色　调

因为岫玉的形成是橄榄岩蚀变后的产物，所以带有典型的橄榄绿色（就是黄绿色）色调。

包　体

因为岫玉中，有很大的一部分是蛇纹石化大理岩，所以会有典型的白色的云絮状的包体。

手感飘

岫玉的比重较低，在2.57左右，所以感觉比较轻，不会像翡翠那样打手。

典型的蜡状光泽

看看蜡烛是什么光泽，就知道岫玉是什么光泽了。

必须注意区分的还有澳洲玉，其又称南洋玉，因盛产于澳大利亚而得名。由于其颜色翠绿，颇得人们喜爱。它有一定透光性，颗粒细，价格较低，曾经迷惑了一些人。其实，它在矿物学中被称玉髓或石髓。澳洲玉严格来讲不能称为玉，应该是绿色的玉髓，它的外观颇似翡翠。但与翡翠不同之处有：

■ 油青翡翠，简称油青种或油浸，其通透度和光泽看起来有油亮感，是市场中随处可见的中低档翡翠，常用其制作挂件、手镯，也有做成戒面的 。油青种的绿色明显不纯，含有灰色、蓝色的成分，因此较为沉闷，不够鲜艳。

澳洲玉的折射率为1.55，比翡翠的折射率低。

在珠宝市场上还常见一种具有中等绿色（其深浅有所变化），呈半透明状的串珠（也偶有雕刻成摆件），由于有一定的绿色，价钱又不高，颇受不少女士们的青睐。这类串珠究竟是什么呢？询问卖主，多回答说“这是印度出产的东陵玉”。东陵玉，亦称东陵石，最早产于印度，故又名“印度玉”。中国河南亦有产出，有人称之为“密玉”。然而，其正确名称应为耀石英。东陵玉与翡翠不同之处有：

■ 东陵玉是一种石英质矿石，同玛瑙一样，化学成分为氧化矽，无固定形状，通常有绿、红、蓝等颜色，绿色最为常见，碧绿或翠绿色者为上品，是翡翠的姐妹石。

（1）用透视光，可见东陵玉内有平行排列的绿色铬云母片。侧视之，常形成一条“绿线”。在查尔斯滤色镜下观察，绿色铬云母呈现红色。

（2）东陵玉的比重为2.56，比翡翠的比重小得多。用手便可掂量出来。

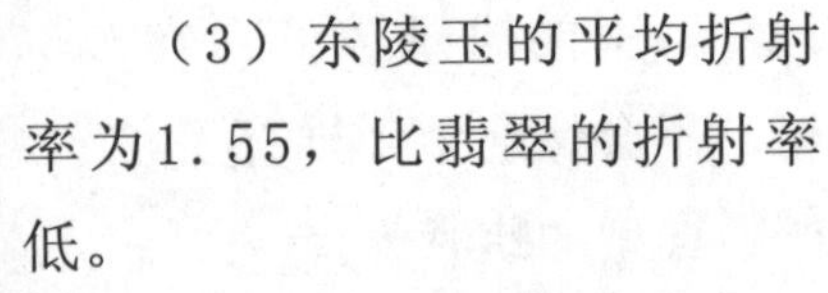

（3）东陵玉的平均折射率为1.55，比翡翠的折射率低。

近年来，在云南昆明、瑞丽、腾冲等地和内地的一些大城市的珠宝市场上，还出现了一种水头很好，呈透明或半透明的“冰种”玉石。其颜色总体为白色或灰白色，具有较少的白斑和色带，分布不均匀，这种玉在云南当地被称为“水磨子”，带有色调偏蓝的色带者称为“水地飘蓝花”，常被加工成手镯、吊坠和雕件在

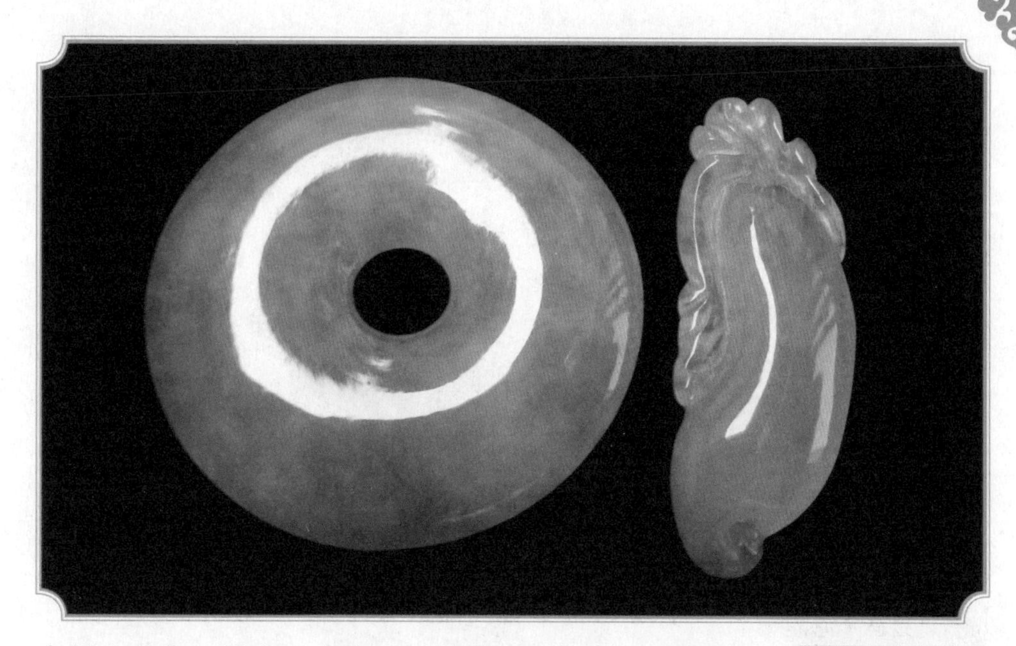

市场上出售。其实“水磨子”的主要矿物成分为钠长石，其次有少量的辉石矿物和角闪石类矿物。简易鉴定可采用下列几种方法。

1. 放大镜观察法：水磨子主要由钠长石组成，不显翠性，并有较多白色的石脑或绵。

2手掂法：水磨子比重（2. 57—2. 64）比翡翠的比重小得多，用手掂之比翡翠具明显的轻飘感。

3测定折射率法：水磨子的折射率（1. 52—1. 54）远比翡翠的折射率小。

总而言之，要了解翡翠的种，首先必须要了解翡翠以及类似石的区别。

还有一个很简单的办法，可以区别翡翠和类似石，那就是拿翡翠或者玉往玻璃上划。因为翡翠与石的硬度不一样，翡翠划玻璃，玻璃上会有划痕，而翡翠并无任何磨损，这是任何石头都办不到的。

■ 冰种翡翠质地非常透明，只是比起玻璃种来要稍微差一些。顾名思义，玻璃种翡翠纯净得就像玻璃一样，内部若有细微杂质都暴露无疑，而冰种翡翠的透明度则退而居其次，虽然也很透明，但毕竟杂质稍多。

玛瑙无红一世穷

——教你识玛瑙

■ 玛瑙的质地似水晶，细腻无杂质，光泽玻璃状，透明或半透明，颜色有红、白、黄、蓝、黑、紫、绿、灰、褐等。这是玛瑙手镯。

在珠宝行中有一句口头禅——玛瑙无红一世穷。这说明玛瑙的红色是多么重要。

其实玛瑙颜色丰富，种类繁多，不过红色是玛瑙中的主要颜色。因为天然红色的玛瑙较少，且又色层不深，故玛瑙中的红色多为烧红玛瑙。其红色有正红、紫红、深红、褐红、酱红、黄红等。此外，色红艳如锦的称锦红玛瑙，红白相参的称锦花玛瑙或红花玛瑙。做玉雕制品的，以块大为上，做首饰嵌石的，以色美为佳。

玛瑙是玉雕中的一大品种，用量很大，以用红色为主，巧妙衬以其他颜色和纹理，使玛瑙特点突出。也有用其他色

为主，以各色衬托的，效果也很显著。技艺高超的玉雕大师们应用不凡的身手，可以使普通的玛瑙跃升为宝贵的艺术珍品。

玛瑙的矿物学名叫玉髓。古人把红色的玛瑙称为赤玉，或称为“琼”。玛瑙多玉色，所以叫赤玉。玛瑙的质地似水晶，细腻无杂质，光泽玻璃状，透明或半透明。且多呈层状，各层互相重叠，呈波纹状、同心状、斑驳状、层状等多种花纹，也有纯白的。颜色有红、白、黄、蓝、黑、紫、绿、灰、褐等。

■ 蓝玛瑙又称为青玉髓，是指蓝色或蓝白色相间的玛瑙。属隐晶质石英宝石，成分接近于蓝玉髓，不同之处在于蓝玛瑙具有如同波斯瓦那玛瑙一样的天然纹路，非常漂亮。块度大者是玉雕的好料，优质者颜色深蓝，次者颜色浅淡。

由于玛瑙的花纹和颜色变化丰富，品种很多，故有“千样玛瑙”的说法。

蓝玛瑙

蓝玛瑙，呈淡蓝色，色彩淡雅，蓝色深一些的更好，很像蓝宝石。产出呈结核状的多，常有缠丝现象。过去主要用来磨制首饰和鼻烟壶，块大的是玉雕的好材料。蓝玛瑙与蛋青玛瑙不同，蛋青玛瑙属于白玛瑙，遇火变为白色，青色阴暗不蓝；蓝玛瑙经火不退色，价值较高。人工染色的蓝玛瑙已在市场流行多年，是用钴染料染成的。

绿玛瑙

绿玛瑙在自然界中少见，多是人工染成，用白玛瑙或蛋青玛瑙着色，着色剂是铬。染成的绿玛瑙很像翡翠的高绿，但识别较易，其绿色之中不免闪一点蓝，便是明证。由于它似翡翠，很受市场欢迎。

紫玛瑙

紫玛瑙，以葡萄紫色为好。这种玛瑙质地较粗糙，透明度略低，因色好，可做首饰，大块的也是玉雕的好材料。

缠丝玛瑙

缠丝玛瑙是各种颜色以丝带形式相间缠绕的一种玛瑙。因相间色带细如油丝，所以称为缠丝玛瑙。有的红白相间，有的蓝白相间，有的黑白相间。或宽如带，或细如丝，甚为美妙，故称截子玛瑙。缠丝玛瑙也是玉雕中经常使用的品种。

■ 缟玛瑙指具有直线状平行纹带的玉髓，红缟玛瑙为优质品种。如果缟玛瑙出现肉红彩色带或含有白或黑色平行的条带，则称为“缠丝玛瑙”，它被列入可代替橄榄石作8月生辰石的宝石。

黑花玛瑙

黑花玛瑙必须有与黑对比强烈的其他色，才黑得漂亮。所谓其他色多为瓷白和白色，当然，在这两种主要色外，还有更多更好的颜色，不过各种颜色要鲜艳明快。利用黑花玛瑙琢制成一些动物如熊猫，很受人们欢迎。

杂草玛瑙

杂草玛瑙又称苔藓玛瑙，是玛瑙中含有不透明色质的品种。颜色多样，绿色最常见，薄片在光照下，犹如针状草叶布于其中，故称杂草玛瑙。颜色鲜艳的可做玉雕。

水胆玛瑙

玛瑙的中心部位具有不同特征，有实心的，有粗心的，有空心无水的，有空心含水的。中心有水的玛瑙称为水胆玛瑙，是玛瑙中的珍贵品种，在古代是难得之宝。水胆玛瑙以胆大水多为妙，透明度越高越好。

白玛瑙

白玛瑙在工艺品上用得很少，大多数用于仪表仪器等。但自从有了人工染色以后，它的重要性开始大了起来。

自古以来，人们把玛瑙和珍珠并列为珍宝一类。但现今的玛瑙，因其产量大而普遍使用，又因其生产遍布世界各地，所以价值并不高，属低档材质的饰物和玉雕工艺品，在珠宝市场上的价格也相对较低。

■ 白玛瑙是以白色调为主或无色的玛瑙。其中东北辽宁省产出的一种所谓白玛瑙，其实有的属于白玉髓，多用于制作珠子，然后进行人工着色，可以着色成蓝、绿、黑等色。这种白色玛瑙，大块者也用来作玉器原料，同时在局部染成俏色加以利用。

用宝石“爱”她

■ 宝石级绿松石是在地质作用过程中形成的、达到玉石级的主要由绿松石矿物组成的致密块状集合体。这个定义强调了它是在地质作用过程中形成的，与人工合成的绿松石和其他玉石不同。

“不爱江山爱美人”的温莎公爵永远是最能诠释浪漫的代表。

1936年12月，即位不足一年的英国国王爱德华八世为了和离异两次的美国平民女子辛普森夫人结婚，毅然宣布退位。

“要知道，我的幸福永远维系在你的身上。”这是公爵对他心爱的女人最动情的独白。当然，除了情真意切的表白，他还赠送给她大量的美丽珠宝，用奢侈弥补她不能获得“殿下”称号的缺憾。

公爵夫人在日记中写道，她最心爱的首饰是40岁生日时公爵赠送的礼物——一条镶满彩色宝石的项链，上面铭刻着“My wallis from her David19 / 6 / 36”。沃利斯是公爵夫人的名字，戴维则是公爵的教名。这条项链陪伴公爵夫人出席了至少二十多个重要的社交场合，钟爱之情可见一斑。

被丈夫宠爱至极的她甚至收到一个装有57件Cartier首饰的珠宝盒，其中最出名的就是那枚铺满钻石的猎豹，守护着一颗152.35克拉磨圆切割蓝宝石的胸针。据说，当时卡地亚的设计师说服温莎公爵夫人成为第一位佩戴动物造型珠宝的代表人物，同时也使得猫科动物的设计在珠宝界红极一时。

另一款备受幺爵夫人喜爱的首饰是她每去教堂时佩戴的绿松石和紫水晶组成的“围嘴式”项链。令人遗憾的是，这件首饰1946年10月在她的家中不翼而飞，后来指认了两名在温莎公爵夫妇法国戛纳住所附近活动的英国人为案犯。关于这起盗窃案的疑点很多，至今仍是犯罪史上的不解之谜。

由于夫妇俩没有继承人，在公爵夫人死后，大部分珠宝均被相继拍卖。全部的拍卖数额超过千万欧元。

■ 宝石有广义和狭义之分。广义的宝石泛指一切美丽而珍贵的石料，我国学者用“贵美石”一词替代。狭义的宝石则专指可用于制作贵重首饰的石料。一般认为它应具有瑰丽、稀罕和耐久三个特性。

陈长寿遇仙翁

■ 寿山石除了大量用来生产千姿百态的印章外，还广泛用以雕刻人物、动物、花鸟、山水、文具、器皿及其他多种艺术品。优美的寿山石艺术品在人类社会生活中不仅有助于物质文明的发展，更重要的是有助于精神文明事业的发展。

福建寿山石的生成，民间流传着许多美丽的传说。其中，流传最广的是“陈长寿遇仙翁”的故事。

传说，寿山这地方起初不叫寿山，是叫别的什么名字。在这附近住着一个年轻樵夫，名叫陈长寿。陈长寿自小喜欢下棋，且棋艺高超。有一天他上山砍柴，见两位白发老者正在山顶的一块大石头上对弈。陈长寿就挑着担子来到一旁观战。

两位老者见这位年轻人看得如此聚精会神，似乎颇通棋艺，就邀他对弈。陈长寿也不推迟，就坐下来与两位老者交上了手。虽然两位老者棋艺精湛，不想却被这位年轻人连赢了几局。一位老者手捻长髯笑道：“真想不到凡间竟有这等好手，老夫佩服，佩服！”

两位老者见长寿衣裳朴素，以砍柴为生，颇为清贫，就心存怜惜，将所

用棋子送给长寿，吩咐他今后不必再上山砍柴了，自有好日子过。说完，只觉一阵清风拂面，已不见两位老者的踪影。

陈长寿带着两位老者送的棋子挑起担子回家，走在路上不小心摔了一跤，手中的棋子散落了一地。说来奇怪，只见这些棋子一个个立即都变成了五颜六色的石头，大石头又生出小石头，捡也捡不完。陈长寿一回到家里就将这事一五一十地告诉了妻子。

于是，他们夫妻每天都上山捡石头，挖石头。他们将捡到的石头拿到集市上去卖，不想被人一下子买光，得了不少钱，这样他们夫妇的日子就慢慢好起来了。

此事一传十，十传百，没多久，附近的人都知道了，大家都上山去找石头。以后，人们就将这座山叫寿山，把棋子变成的宝石叫寿山石。

清代诗人朱彝尊写诗赞道：“天遗瑰宝生闽中”。由此自然知道，寿山石的价值堪比瑰宝。

■ 寿山石属叶腊石，天生丽质，在自然状态下，石形不易变，石色不轻改，质地滋润，富有光泽，硬度较低。在宝石和彩石学中，属彩石大类的岩石亚类，它的种属石名很多。按传统习惯，寿山石的总目一般可分为“田坑”“水坑”和“山坑”三大类。

三载始出“和田巨玉”

■ 碧玉为一种含杂质较多的玉髓，其中氧化铁和粘土矿物等杂质含量可达20%以上，不透明，颜色多呈暗红色、绿色或杂色。按颜色命名可称红碧玉、绿碧玉等。有时也可按特殊花纹和色斑进行命名，如风景碧玉和血滴石。

一块重达3.3吨的新疆和田碧玉，由“亚洲国际收藏品鉴定评估有限公司”出具的报告评估，此块玉石价值2640万元，开价3000万元人民币。这就是眼下最著名的巨型玉石：和田巨玉。

说起这块玉石的出现，就不得不提它艰难的“面世”过程，也正是那些个日日夜夜，那些辛勤汗水，铸就了“和田巨玉”的声名和价值。

据悉，和田巨玉的主人张某和同伴们一起于上世纪90年代初在新疆共同经营玉石生意。1994年3月，一个偶然的机会，他们从和田市一名玉石经营伙伴处得知昆仑山深处有一块巨型和田玉籽料，生性喜欢冒险的张某当时就跃跃欲试。

第一次进山时，他们带了向导、骏马、口粮、棉衣和帐篷，走了一个多星期后，才找到靠近克里雅山

口方向的一处山涧，而硕大的玉石就在水中斜躺着。玉石在深山里已经风化了很久，许多淘玉人也都知道玉石所在，但由于其体积、重量太大，山路太过险峻曲折，许多试图将其运走的人都放弃了。

张某不想放弃。很快，他和朋友们着手准备工作。并于两个月后把首次进山采集的样品送至了“甘肃省宝玉石协会宝玉石鉴测中心”进行鉴定，鉴定结果为“新疆和田天然绿色特级碧玉籽料”。

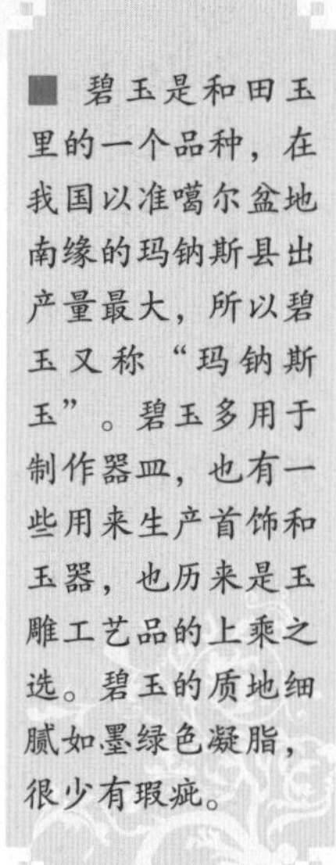

■ 碧玉是和田玉里的一个品种，在我国以准噶尔盆地南缘的玛纳斯县出产量最大，所以碧玉又称“玛纳斯玉”。碧玉多用于制作器皿，也有一些用来生产首饰和玉器，也历来是玉雕工艺品的上乘之选。碧玉的质地细腻如墨绿色凝脂，很少有瑕疵。

1994年秋天，张某带着6个同伴以及一系列专用工具，骑着骏马，牵着骆驼一路跋山涉水再次来到了昆仑山中那个神秘的山涧。半年不见，玉石依然别来无恙，他们默默地面对玉石和深山虔诚施礼后开始了运玉工程。

开始时，他们用倒链和千斤顶支起潺潺雪水中的“宝贝”，没想到，当大家屏住呼吸准备将爬犁探入水中托起玉石时，承受3吨重量的倒链和千斤顶竟被压坏了。深感意外的他们只好派两名同伴返回驻地重新准备工具。一周后，承重5吨的倒链和新的千斤顶找来了，他们重新用机械托起玉石，终于成功地将其放在了爬犁上。

之后，他们用马匹拉着爬犁开始了“愚公移山”工程。

深山往返和田的山路他们已经走了无数遍，但带着巨大的“宝贝”却只能慢慢挪动。张某说，最窄的山涧伴随拐角只有一两米宽，有时一天时间也只能“挪”过一个拐角。更多时候，爬犁无法通过，只能让玉石借助千斤顶的力量一点点“顶”下爬犁，然后用另一千斤顶循环支撑挪动。这样的“挪动”被他们坚持了三个冬天，狭窄的拐角大约经历了几十个。他们在山中度过了1995年春节，当时，工程的进度刚开始四个月，玉石仅挪动了20多公里。在飘着雪花的深山里，他们只能互相蜷缩着取暖，“在山上的时候，最开心的事就是能遇到牧民，热情的牧民，很乐意给大家兑换一些牛肉和干粮。”第二年和第三年的春节，日子好过多了，随着运输工程的渐进，他们带着“宝贝”爬行的时候可以遇到蒙古包了。1997年春天即将来临的时候，他们终于把玉石运到了可以通车的地方。

■ 碧玉的质地细腻如墨绿色凝脂，很少有瑕疵。主要产于昆仑山北麓3500米至5000米的高峰中。在我国以准噶尔盆地南缘的玛纳斯县出产量最大，所以又称“玛纳斯玉”。从商代晚期开始至今，和田碧玉一直是玉器的主要的原料，也是玉文化最崇高的标志。

为什么甘愿如此？除了玉石的巨大价值外，还有什么可以让人们如此舍生忘死，无怨无悔呢？

一块巨型翡翠的跨世纪传奇

在缅甸的北部有一个邦，叫克钦邦，它和中国云南省的腾冲地区接壤。在克钦邦的西北部，有一个地方叫勐拱，是硬玉翡翠的著名产地。

这个地区人烟稀少，豺狼猛兽出没无常，各种疾病蔓延，特别是瘴疠和疟疾，更是发病率和死亡率最高的两种疾病。这里的人们曾流传着这样的话：挖出玉石翡翠，埋进具具白骨。可以这样说，挖出来的每一件玉石翡翠，都是用挖玉人的血和泪以及数不清的生命换来的。

■ 翡翠开采、运输、加工、销售历来是云南人所为。在缅甸古都阿摩罗补罗城的一座中国式古庙里，碑文上刻有5000个中国翡翠商名字。明中叶高官太监驻守保山腾冲专门采购珠宝。当时，从永昌腾越至缅甸密支那一线已有“玉石路”“宝井路”之称。

著名的大块翡翠“卅二万种”就是出自这个让人听起来既有些神秘又有些恐怖的地方。19世纪末叶某年的一个旱季，在缅甸西北部山区，天气特别炎热，每天一到傍晚，人们就会看到几块非常漂亮的五色彩云在天空浮动。一天傍晚，突然传出一个惊人消息，说在矿区深处开采出

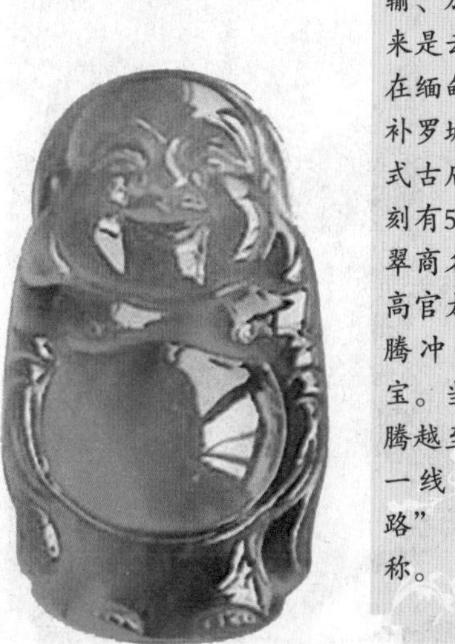

一块体积巨大的石货(含有翡翠的原石)，总重量超过一千公斤。这在缅甸的采玉历史上是前所未有的。

■ 翡翠呈现玻璃光泽，半透明或透明。翡翠因含有不同的染色离子而呈现各种颜色：通常有白、红、绿、紫、黄、粉等。纯净无杂质者为白色；若含有铬元素，则呈现出柔润艳丽的淡绿、深绿色，名之为翠。此品种最为名贵，极受人们的珍视喜爱。

这块体积巨大的玉料，虽然还未曾开“天窗”，一时还弄不清内部到底是一个什么样的“世界”，但仅从体积来看也真够吓人的了，当时就引起了小少玩玉人的极大兴趣。当地的人们也在私下议论纷纷，说最近一段时间，总有一片五色彩云在上空飘动，好像是在预告人们将会有吉祥事似的。有一天傍晚，天空在一阵怪风呼叫声中，突然飘来数块黑云，但到了第二天，不但那几块黑色云彩没有了，从此之后那片五色云彩再也见不到了，而发观“卅二万种”巨型翡翠的瞬间，正好与这种奇怪现象的出现相一致。人们都说这块巨大的翡翠玉石，很可能就是那一片五色云彩演变成的，这是“上天赐给人间的一件无价之宝”。

一个云南的大户人家买了这块巨型翡翠。此后，时光流转，在国运落魄之际，“卅二万种”辗转于商人、洋人，云南、上海之间。几经波折之后，终于在1955年，随着周总理一声令下，价值连城的巨型翡翠北上北京。

然而，迎接“卅二万种”的并不是和平盛事。在接下来的25年里，曾经风光无限的翡翠一直躲避在隔绝的仓库里，暗度时光。甚至在后来的文化大革命中，不得不在周总理的建议下，远避到河南一个非常隐蔽的山洞里。直到文化大革命后期，才将巨型翡翠安全地运回北京的“故居”。此时，一直关注此玉的周总理已经与世长辞了。

25年的沉寂，只是为了谨慎，为了郑重。翠绿之中一点红的巨型翡翠“卅二万种”，堪称国宝级的极品，那是如何充分利用石料，如何体现泱泱大国的风采神韵？

■ 含香聚瑞，玉雕花薰。形似长方形，外形完整。花薰通体翠绿、晶莹灵透。由底足、中节、主身、盖、顶五部分组成，并以主身和盖组成的球体为中心，周围饰以圆雕的九龙。整件作品在五个部分的组合上都采用螺口相接的方法，并且螺纹角度精确，子母口密切配合，制作精细而准确。

当时北京玉器行中的“四怪一魔”之一，唯一尚在人世的“怪罗汉”王树森一直对此耿耿于怀，并不遗余力地创作着，思考着。

他小时候做过一个梦，梦中有一座海市蜃楼一般的宫殿，每个房间里都有一件绝世精品的翡翠雕塑，在最后一个宫殿里，更有一块大型的山样雕塑。也正是那个时候，“卅二万种”在玉器界里被传诵得沸沸扬扬。自此，王树森就开始痴迷于大型翡翠，期望能有机会雕出梦中的精品。

然而，虽终于见到当年巨型翡翠的极品，他却没能坚持到最后。因呕心沥血多年，王树森终于身体不支，倒在了日渐成形的“卅二万种”操作台上。

铭思苦想一年多，闭关刻苦六个春秋，“卅二万种”终于被雕塑成四个美轮美奂的翡翠绝品：“含香聚瑞”“群芳揽胜”“四海腾欢”“岱岳奇观”。一

■ 岱岳奇观，又名翡翠山子。它以世界上罕见的重368千克的大翡翠加工而成。艺术家们根据原料呈等边三角形的特点，量料选题，即根据材料的形状、色泽、质地等特色来确定题材，将之设计为五岳之首的泰山，象征中华民族的精神，寓意深远。

代伟人周恩来的倾心保护，雕刻大师的痴迷追寻，鉴赏专家们的执著探索，终于使炎黄子孙的美好愿望梦想成真。

在中国数千年的玉雕历史上，“四宝”不论是原料的珍贵，还是成品的精美，都是无与伦比的，都是中华民族走向复兴和强盛的预兆，可称为镇世之宝。当时的副总理张劲夫高兴地当场即席赋诗：“四宝唯我有，炎黄裔胄共珍藏。”

翠玉的由来

传很久以前，在郑州新密牛店那个地方，有一个叫“石匠全”的村庄。村头住着一个老石匠，他有一个女儿叫绿翠，还收了一个徒弟叫玉郎。玉郎为人忠厚老实，人缘好，又勤快，深受全村老少夸赞。有人便牵线将绿翠许配给玉郎，老石匠欣然同意。

■ 翡翠是多晶体，多数为半透明，甚至不透明。不可能像单晶体宝石如祖母绿那样透明，使光线可以自由透过，显得很晶莹。它的结构指的是组成翡翠的结晶微粒的粗细，结晶体的形状及其结合的方式。

正当老汉忙着给玉郎、绿翠筹办婚事的时候，大祸忽然从天而降。皇帝派来选美的钦差，听说绿翠长得美，便降旨要绿翠入宫。老石匠眼看女儿要被人夺走，十分恼怒，撕碎圣旨，一头向钦差撞去。钦差恼羞成怒，一刀将老石匠砍死，接着把绿翠强行拉到轿中带走。玉郎赶回家，看到师傅倒在血泊中，绿翠又被抢走，便不顾一切追上前去，死死拖住花轿不放，结果被乱棍打死。

皇帝是个好色昏君，见绿翠美貌，心中大喜，立即降旨，册封绿翠为贵妃娘娘，五天后举行

册封盛典。

绿翠进宫后，哭得死去活来。她决定绝食，以死抗争。到了第三天，忽然进来一位长者，有人称他为国公。来人喝退宫女和左右人等，对绿翠说："好姑娘，不要再哭了，你在这里就是哭死，也没有用。况且，你这样做，保不住性命事小，可怎么给你爹爹和玉郎报仇呢?"绿翠听了，忙请教这位老者。

国公走后，绿翠唤宫女端饭进餐，然后让她们帮自己梳妆打扮。太监见了，赶快向皇帝禀报。皇帝听了异常高兴，连忙来到后宫，看到绿翠的样子，以为她已经回心转意。

绿翠请求皇帝允许她返乡祭奠爹爹，然后回宫。昏君正在犹豫为难之际，老国公恰好进宫奏事，这个昏君就把绿翠的要求告诉老国公，要他出主意。国公说："还是依了她好，以免她寻死身亡。皇上如果不放心，国公我可以前往护驾，保管万无一失。"于是，皇帝命国公带领兵丁，护送绿翠回老家。

■ 干青种翡翠与一般的翡翠不同，因含铬较高，所以颜色较鲜艳，色纯正不邪。硬玉结晶呈微细柱状、纤维状(变晶)集合体，晶粒肉眼能辨，透明度差，阳光照射不进，质地粗粒感底干，敲击玉体音呈石声。饰品可加工成镯、佩、坠、雕件，属中低档。

绿翠回到石匠全村，在爹爹和玉郎坟前痛哭，霎时，狂风大作，飞沙走石，天昏地暗。接着，雷声隆隆，电光闪闪。紧接着，玉郎的坟墓忽然变成一座大山。随着一声巨响，山崩地裂，大山拦腰裂开一条巨缝，山缝里出现一个大门。玉郎飘然站在山门旁，满脸含笑地向绿翠招手。绿翠一见玉郎，便纵身向山门扑去。接着又一声巨响，裂缝闭合，大地恢复了平静。从此以后，再也不见玉郎的坟墓，代替它的是一座高耸入云的大山。

前来护驾的国公，看到绿翠和玉郎双双团聚，放声大笑，在笑声中气绝而逝，也化成一座山峰。

不久，“石匠全”村的乡亲们在山缝中，发现了一层绿色透亮的石头。当地的老人们便一齐前往观看，都说是绿翠扑山门时，把绿色的衣裙夹在山缝中了。于是，石工们就顺着绿色的痕迹挖凿起来，希望能救出绿翠。挖到深处，挖出了紫红包和绿色的彩石，晶莹透亮，闪射出奇光异彩。这天晚上，石工们做了一个美好的梦，梦见国公老人说，紫红色石头是玉郎变的，绿色石头是绿翠的化身。这些彩石叫翠玉，可以雕琢成器，是无价之宝。于是，石工们就把它们雕成各种美丽的玉器。从此，翠玉一直深受珠宝商的欢迎。

玉郎和绿翠的故事也就流传了下来。

■ 翡翠，也称翡翠玉、翠玉、硬玉、缅甸玉，是玉的一种，颜色呈翠绿色（称之翠）或红色（称之翡）。是在地质作用过程中形成的主要由硬玉、绿辉石和钠铬辉石组成的达到玉级的多晶集合体。另外在动漫中也有以“翡翠”为名的人物形象出现。

帝王之玉——传国玉玺

■ 秦始皇创立的宝玺制度被汉高祖刘邦全部继承下来，形成了后来所谓的“秦汉八玺制”。这一制度也贯穿了整个“魏”“晋”“南北朝”和“隋”，他们不仅继承了秦汉的八玺制，而且连规格、名称、纽式、文字都基本不差。

姑且不论传国玉玺是否用和氏璧琢制的。秦始皇统一中国后，确实曾令玉工雕琢过一枚皇帝玉玺，称之为“天子玺”。按史书记载，此玺用陕西蓝田白玉雕琢而成，螭虎钮，一说龙鱼凤鸟钮，玉玺上的刻文是丞相李斯以大篆书写的“受命于天，既寿永昌”八个大字。

传国玉玺自问世后，就开始了富有戏剧般传奇色彩的经历。

传说公元前219年，秦始皇南巡行至洞庭湖时，

风浪骤起，所乘之舟行将覆没。始皇抛传国玉玺于湖中，祀神镇浪，方得平安过湖。8年后，当他出行至华阴平舒道时，有人持玉玺站在道中，对始皇侍从说："请将此玺还给祖龙(秦始皇代称)。"言毕不见踪影。传国玉玺复归于秦。

秦末战乱，刘邦率兵先入咸阳。秦亡国之君子婴将"天子玺"献给刘邦。刘邦建汉登基，佩此传国玉玺，号称"汉传国玺"。此后，玉玺珍藏在长乐宫，成为皇权象征。西汉末王莽篡权，皇帝刘婴年仅两岁，玉玺由孝元太后掌管。王莽命安阳侯王舜逼太后交出玉玺，遭太后怒斥，太后怒中掷玉玺于地时，玉玺被摔掉一角，后以金补之，从此留下瑕痕。

■ "天子玺"。按史书记载，此玺用陕西蓝田白玉雕琢而成，螭虎钮，一说龙鱼凤鸟钮，玉玺上的刻文是丞相李斯以大篆书写的"受命于天，既寿永昌"八字。

王莽败后，玉玺几经转手，最终落到汉光武帝刘秀手里，并传于东汉诸帝。东汉末，十常侍作乱，少帝仓皇出逃，来不及带走玉玺，返宫后发现玉玺失踪。旋"十八路诸侯讨董卓"。孙坚部下在洛阳城南甄宫井中打捞出一宫女尸体，从她颈下锦囊中发现"传国玉玺"。孙坚视之为吉祥之兆，于是做起了要当皇帝的美梦。不料，孙坚军中有人将此事告知袁绍，袁绍闻之，立即扣押孙坚之妻，逼孙坚交出玉玺。后来，袁绍兄弟败死，"传国玉玺"复归汉献帝所有。

三国鼎立时，玉玺属魏；三国一统，玉玺归晋。西晋末年，北方陷入朝代更迭频繁、动荡不安的时代。“传国玉玺”被不停地争来夺去，晋怀帝永嘉五年(公元311年)，玉玺归前赵刘聪。东晋咸和四年(公元329年)，后赵石勒灭前赵，得玉玺。后赵大将冉闵杀石鉴自立，复夺玉玺。此阶段还出现了几方“私刻”的玉玺，包括东晋朝廷自刻印、西燕慕容永刻玺、姚秦玉玺等。到南朝梁武帝时，降将侯景反叛，劫得传国玉玺。不久侯景败死，玉玺被投入栖霞寺井中，经寺僧将玺捞出收存，后献给陈武帝。

■ 传国玉玺传到十六国时期，东晋、燕、后秦各得到一块，其中东晋的这一块，一直传到后唐李从珂自焚。宋朝建立后，一位农民在李从珂的废墟中找到这个玉玺，献给宋。最后，到了金，然后到了元，被元顺帝带到北元。明灭元，得到了玉玺，传到民国。现藏于台北故宫博物院。

隋唐时，“传国玉玺”仍为统治者至宝。五代朱温篡唐后，玉玺又遭厄运。后唐废帝李从珂被契丹击败，持玉玺登楼自焚，玉玺至此下落不明。

一枚印章，却因其玉石价值中蕴涵的权力，在世代江山之中，掀起惊涛骇浪，血雨腥风。古人不用金银，不采珠宝，却单单用玉来制造“传国玉玺”，足见玉石在我国封建王朝中的价值与地位。

割股藏珠

珍珠具有灵性的最动人故事当属“割股藏珠”。

传说晋代某皇帝酷爱珍珠，听说南海海面宝光四射，知是宝珠，便派太监坐镇广西合浦珍珠城，派兵强迫珠民下海采捕。发光之物乃龙王千金公主的心爱宝珠，为南海至宝，有两条恶鲨把守，珠民被咬死者甚多。捕不到珠，太监便严刑拷打，许多珠民被逼得家破人亡。

当地珠民海生也在应征之列，只得冒死下海。为救珠民于水火之中，海生只身前往宝珠放光之地，与

■ 珍珠是一种古老的有机宝石，产在珍珠贝类和珠母贝类软体动物体内，由于内分泌作用而生成的含碳酸钙的矿物（文石）珠粒，是由大量微小的文石晶体集合而成的。

恶鲨相斗多时，身负重伤。碰巧的是，公主此时到峭石边玩耍，正好看到奄奄一息的海生。眼看海生即将命丧鲨鱼之口，公主急忙过来赶走鲨鱼，将海生放到峭石上。海生醒来，公主问他为何到此冒险。海生遂将珠民的境况细说一遍。公主感动异常，为救珠民，就将宝珠取出，送给海生。太监得珠大喜，一边向皇上报捷，一边用红布将其严密包裹，锁入檀木盒内，派重兵押回京城。然而，太监一行走不过数十里，忽见一道银光划过檀木盒，太监猛吃一惊，打开珠盒，发现宝珠已不翼而飞。太监大惊失色，连夜赶回珠城，再逼海生等下海取珠。海生不肯，太监便将其他村民捆绑起来，扬言道，如果海生取不来宝殊，便将他们一一掷进大海。海生无奈，只得再赴深海，向公主求救。公主再次献珠。太监得珠，放掉珠民，但苦于无法将宝珠安全送走。

■ 珍珠的形状多种多样，有圆形、梨形、蛋形、泪滴形、纽扣形和任意形，其中以圆形为佳。非均质体。颜色有白色、粉红色、淡黄色、淡绿色、淡蓝色、褐色、淡紫色、黑色等，以白色为主。白色条痕，具典型的珍珠光泽，光泽柔和且带有虹晕色彩。

一个老人献计让他“割股藏珠”，太监眼睛一亮，当即将股部割开，塞入宝珠，待伤口痊愈后迅即起程。然而，太监仍然无法将宝珠带走。在第一次失珠之地，又是一道白光划过，宝珠再返大海。太监惊恐万状，深知回去是死，只好再到珠城，却见珠民们已经逃之夭夭。太监长叹一声，面对大海吞金自杀。在合浦珍珠城外有一堆黄土，据说就是太监的葬身之所。

“西施泪”

相传春秋末年，范蠡为刚继位的越王勾践督造王者之剑，历时三年得以铸成。当王剑出世之日，范蠡在剑模内发现了一种神奇的粉状物质，与水晶融合后，晶莹剔透却有金属之音。范蠡认为这种物质经过了烈火百炼，又有水晶的阴柔之气暗藏其间，既有王者之剑的霸气，又有水一般的柔和之感，是天地阴阳造化所能达到的极致。于是，将这种物质称为“剑道”，并随铸好的王者之剑一起献给越王。

■ 琉璃，又称流离，是中国传统建筑中的重要装饰构件，通常用于宫殿、庙宇、陵寝等重要建筑；也是艺术装饰的一种带色陶器。

越王感念范蠡铸剑的功劳，收下王者之剑，却将“剑道”原物赐还，还以他的名字将这种神奇的物质命名为“蠡”。

当时，范蠡刚遇到西施，为她的美貌折服，惊为天人。他认为金银玉翠等天下俗物俱无法与西施相配，所以访遍能工巧匠，将以自己命名的“蠡”打造成一件精美的首饰，作为定情之物送给了西施。

不料，这一年战事又起，勾践闻知吴王夫差日夜操练兵马，意图讨伐越国以报父仇，所以决定先发制人。范蠡苦谏未果，越国终于遭到大败，几近亡国，

■ 琉璃，以沉积历史的华丽，穿越三千年的时空；以内敛的丰富保留着不可磨损的色彩。那如歌如泣的色泽流动，仿佛还在诉说西施泪别范蠡时的凄凄切切，晶莹的泪花滴落于胸前的信物“蠡”上，这铸剑时的坚贞之物，也为之动情。“流蠡”之称，由此而来。

西施被迫远嫁了吴国。

临别时，西施将“蠡”送还给范蠡。传说中，西施的眼泪滴在“蠡”上，天地日月为之所动，至今还可以看到西施的泪水在其中流动，后人称之为“流蠡”。今天的“琉璃”就是由这个名字演变而来的。

我们无法确认中国古代琉璃的起源，大抵在“西施泪”的传说之前就有许多人文或是神话的传说。但相对于西方玻璃起源的传说，范蠡铸剑发明了琉璃的传说则更具中国文化的浪漫主义色彩。

跋

《读玉》终于问世了，我非常高兴。

我国是世界上用玉最早，且绵延时间最长的国家，故素有“玉石之国”的美誉。发轫于新石器时代早期而绵延至今的“玉文化”是中国文明有别于世界其他文明的显著特点。

■ 在古代，君子无故玉不去身，君子与玉彼德焉。而玉的温润色泽象征仁慈，坚硬质地象征智慧，不伤人的棱角表示公平正义。民间相信玉能护身、驱邪，代表着正气和灵性。

什么是玉文化？

玉文化是在玉器这一中国特有的文化载体上蕴含的，中华民族的这种思想和精神仍处在不断的继承之中。曹雪芹的“玉是精神难比洁”，就是中华玉文化辉煌历史之深厚、坚实的基础，更是现代珠宝玉石文化延绵的理由与支点。

玉的文化意蕴既是古老玉文化发展的产物，又是支撑玉文化升华的理念基石和精神支柱。远古人认为万物均有精灵，其威力无比，既可赐福也可以降灾于人类，为了获吉避凶，人必须得到精灵的保佑，必须向他奉献玉和猎物，并用歌舞侍候。

相传至黄帝时代，人们便视玉为神物，或以玉为媒介去沟通神灵，听取他的旨意。概括而言，史前玉的文化意蕴基本上包含美、神、瑞三个原始基因。进入文明时代之后，玉的文化意蕴随着社会的前进又增添了新的内容．这就是“德”。“德”是起于西周的社会规范，它既是人们思想意识上的伦理，又是实践行为中的准则。西周社会的盛衰与德治的强度不无关系，而玉德乃是德治的重要组成部分。此后，玉礼器成为王权和等级的象征，用玉敛葬，是祈求永生的手段。作为中国传统思想核心的儒家思想则认为君子应“比德于玉”：玉佩光洁温润，可谓之“仁”；不易折断，且断后不会割伤肌肤，可谓之“义”；佩挂起来整齐有序，可谓之“礼”；击其声音清越优美，可谓之“乐”；瑕不掩瑜，瑜不掩瑕，可谓之“忠”；人人皆珍之爱之，可谓之“道”。如此等等。

■ 羊，是先民的生活资料，在中国民俗中“吉祥”多被写作“吉羊”。羊，儒雅温和，温柔多情，自古便为与中国先民朝夕相处之伙伴，深受人们喜爱。古代宫廷中小车多用羊拉车，即取吉祥的意思。人们常说的“三羊开泰”为吉祥话之一。

如今，玉的文化意蕴仍在不断地充实、增添和提高。玉的色彩美、音律美被重新探讨、逐步深化，古玉的欣赏与收藏成为新的社会风尚，由此派生的沁色美、残缺美等新的审美视角也被爱玉者所觉察。总之，玉是中国人审美观的基石，含蕴无穷，影响深广。中国人对玉的钟爱堪称至深、至诚、至迷、至痴。

中国人对玉的爱一直笼罩着一层神秘的色彩。根据考古学家们对红山文化和良渚文化出土的墓葬分析，

5000年前的玉器不仅已具有最初的装饰功能，而且是与原始宗教、图腾崇拜等社会生活完美地结合在一起，成为信仰、权力、地位的象征。那时的玉文化已深深地融合在社会活动与礼俗之中，充当着特殊的角色。

■ 玉佩中的中国传统图案内容丰富，形式多样，大体有吉祥如意类、长寿多福类、家和兴旺类、安宁平和类、事业腾达类和辟邪消灾类等，其中以吉祥如意类图案为多。

现在看来，同样是一块雕琢精美的古玉，在外国人的眼中可能只是美丽和有价值，但在国人的眼中则可能是一件具有超自然力的物件，是一种精神寄托，是一种具有社会功用的器物。

中国人把对玉的爱表现在既欣赏它的自然美，更看中它特有的内涵上。世界上唯有中国人能把玉的自然属性和人文属性完美地结合在一起，并且在不断地将其发扬光大。

我们把对玉的爱镌刻到史册里。《韩非子·和氏》讲的是玉的故事，《史记·廉颇蔺相如列传》中记载的“完璧归赵”又是同一块玉的故事。但这两则故事颂扬的未必只是卞和可歌可泣的壮举和蔺相如的机智果敢，而且还褒扬玉的品质，颂扬人类“言必信，行必果”的美德，讴歌中华民族坚韧不拔的精神和不屈不挠的意志。

我们把对玉的爱写入小说中。女娲炼石补天剩下的一块鲜莹明洁的石头，奠定了传世名著《红楼梦》的基础。衔美玉而生的贾宝玉，铸就了小说绚丽多彩的篇章。贾宝玉、林黛玉两位男女主人公的身上凸显着愤世嫉俗的傲骨，散射着玉一般的清气。曹雪芹把他的人生理想全都寄托在了美玉之中。

我们把对玉的爱带到了身体上。古语云“古之君子必佩玉”，亦云“君子无故，玉不去身”。古代的

■ 国宝“北京奥运徽宝”共有一模一样的两方，取自同一块没有瑕疵的新疆和田玉料。以“清朝二十五宝”中的乾隆“奉天之宝”为设计原型，由北京工美集团大师雕刻。其中一方作为礼物赠送给国际奥委会作为奥运历史的永恒见证；另一方作为国家永久性文物珍藏于首都博物馆。

帝王将相佩挂玉饰是为了标榜自己是有“德”的仁人君子，文人骚客佩挂玉饰是为了显示风流倜傥，百姓走卒佩挂玉饰则是为了祈求平安。当今时代，社会安定，生活水平不断提高，佩玉的人也多了起来。这番景象，别有情趣。佩玉的老者睿智慈祥，戴玉的儿童活泼可爱，佩玉的男士气度儒雅，戴玉的女子风姿婉约。

我们把对玉的爱用在了语言中。汉字曾选出从玉的字近500个，而用玉组词更是不计其数，汉字中的珍宝等都与玉有关。“玉”字在古人心目中是一个美好、高尚的字眼。在古代诗文中，常用玉来比喻和形容一切美好的人或事物，如玉女、玉手、玉容、玉貌、玉照、玉音、玉食、玉洁冰清、玉不琢不成器、抛砖引玉、金玉良缘、锦衣玉食、金口玉言等。在中国古代的文学传记中，更不乏有关玉器的惊魂慑魄、催人泪下的故事。

我们把对玉的爱带到了世界各地。旅居海外的华人爱玉，玉是他们的精神寄托，因为玉凝结着他们对祖国的怀念之情和对祖先的崇拜之意。正是这种恋乡怀祖情怀，培养着炎黄子孙的人格，不断增加着中华民族的凝聚力。

我们把对玉的爱用到了2008年北京举办的奥运会上。那两方用和田美玉以乾隆“奉天之宝”为设计原型而镌刻成型的北京奥运会会徽——“中国印·舞动的北京”——一经面世便迷倒了全球关注奥运的人。

难怪奥运会协调委员会主席维尔布鲁根开玩笑地说："看了这个别致的会徽，甚至为自己不是中国人而感到遗憾。"

由此可见，玉器凝结了一个民族的精神品格，见证了一个民族的成长经历，陶冶了一个民族的思想情操，抚育了一个民族的君子风范。没有对玉的知晓，就不可能有对中华文明的真正了解。

我们有幸建立起了珠宝市场，有了天天与玉打交道的机会。每位经营者不仅是玉实体的销售者，而且是中国玉文化的宣传者和社会主义精神文明的建设者，理应对玉的基本知识、玉的历史沿革、玉的文化内涵有更清楚的了解，进而更好地宏扬玉文化，进一步夯实中国玉文化这栋千载不覆大厦的基础，确立中国作为产玉、制玉和用玉之泱泱大国的地位。如果《读玉》有助于大家实现这一目标，也就达到了编写这本小册子的目的。

■ 玉器商品不是一般商品，它的价值虽然主要由劳动量决定，但不是绝对的，在很大程度上受到石料质量的影响，受到艺术家对石料艺术处理手法的影响，受到人们的审美和物质条件的影响。由于民族、社会习俗、传统观念以及信仰的差异，对玉器的价值有不同的认识，从而使得玉器无固定价值。